# 前沿科学在身边

## 破解DNA的密码

小多（北京）文化传媒有限公司 / 编著

天地出版社 | TIANDI PRESS

**图书在版编目（CIP）数据**

破解DNA的密码 / 小多(北京)文化传媒有限公司编著. — 成都：天地出版社，2024.3
（前沿科学在身边）
ISBN 978-7-5455-7983-3

Ⅰ. ①破… Ⅱ. ①小… Ⅲ. ①脱氧核糖核酸-儿童读物 Ⅳ. ①Q523-49

中国国家版本馆CIP数据核字(2023)第197455号

POJIE DNA DE MIMA

# 破解 DNA 的密码

**出 品 人** 杨 政
**总 策 划** 陈 德
**作　　者** 小多（北京）文化传媒有限公司
**策划编辑** 王 倩
**责任编辑** 王 倩 刘桐卓
**特约编辑** 韦 恩 阮 健 吕亚洲 刘 路
**责任校对** 张月静
**装帧设计** 霍笛文
**排版制作** 朱丽娜
**营销编辑** 魏 武
**责任印制** 刘 元 葛红梅

**出版发行** 天地出版社
（成都市锦江区三色路238号 邮政编码：610023）
（北京市方庄芳群园3区3号 邮政编码：100078）
**网　　址** http://www.tiandiph.com
**电子邮箱** tianditg@163.com
**经　　销** 新华文轩出版传媒股份有限公司

**印　　刷** 北京博海升彩色印刷有限公司
**版　　次** 2024年3月第1版
**印　　次** 2024年3月第1次印刷
**开　　本** 889mm×1194mm 1/16
**印　　张** 7
**字　　数** 100千
**定　　价** 30.00元
**书　　号** ISBN 978-7-5455-7983-3



咨询电话：(028) 86361282（总编室）
购书热线：(010) 67693207（营销中心）

如有印装错误，请与本社联系调换。

# 《前沿科学在身边》生逢其时

科学史理论家、清华大学教授　刘兵

面对当下社会上对面向青少年的科普需求的迅速增大，《前沿科学在身边》这套书的出版可谓生逢其时。

随着新科技成为全社会关注的热点，也相应地呈现出了前沿科普类的各种图书的出版热潮。在各类科普图书百花齐放，但又质量良莠不齐的情况下，高水平的科普图书品种依然有限。而在留给读者的选择空间不断增大的情况下，也同时加大了读者选择的困难。

正是在这样的背景下，我愿意向青少年读者推荐这套《前沿科学在身边》丛书。简要地讲，我觉得这套图书有如下一些优点：它非常有策划性，在选择的话题和讲述的内容的结构上也非常合理；也涉及科学的发展热点，又不忽视与人们的日常生活密切相关的内容；既介绍最新的科学前沿探索，也不忽视基础性的科学知识；既带有明显的人文关怀来讲历史，也以通俗易懂且有趣的语言介绍各主题背后科学道理；既有以故事的方式的生动讲述，又配有大量精美且具有视觉冲击力的相关图片；既有对科学发展给人类社会生活带来的巨大改变的渴望，又有对科学技术进步带来的问题的回顾与反思。

在前面所说的这些表面上似乎有矛盾，但实际上又彼此相通的对立方面的列举，恰恰成为这套图书有别于其他一些较普通的科普图书的突出亮点。另外，从作者队伍来看，丛书有一大批国内外在青少年科学普及和文化教育普及领域的专业工作者。以往，人们过于强调科普著作应由科学大家来撰写，但这也是有利有弊：一是科学大家毕竟人数不多，能将精力分于科普创作者就更少了；二是面向青少年的科普作品本来就应要更多地顾及当代青少年本身心理、审美趣味和阅读习惯。因而，理想的面向青少年的科普作品应是在科学和与科学相关的其他多学科研究的基础上，由专业科普作家进行的二次创作。可以说，这套书也正是以这样的方式编写出来的。

随着人们对科普的认识的不断深化，科普的目标、手段和方法也在不断地变化——与基础教育的有机结合，以及在此基础上的合理拓展，更是越来越被重视。在这套图书中各本图书虽然主题不同，但在结合不同主题的讲述中，在必要的基础知识之外，也潜在地体现出对于读者的科学素养提升的关注，体现出对于超出单一具体学科知识的跨学科理解。书中包括了许多可以让读者自己动手实践的内容，这也是此套图书的优点和特点。

其实，虽然科普理念很重要，但讲再多的科普理念，如果不能将它们化为真正让特定读者喜闻乐见的具体作品，理论就也只是理想而已。不过，我相信这套图书会对于青少年具有相当的吸引力，让他们可以“寓乐于教”地阅读。

是否真的如此？还是先读起来，通过阅读去检验、去体会吧。

# 目录

## 解译生命密码



## 基因创造生命奇迹

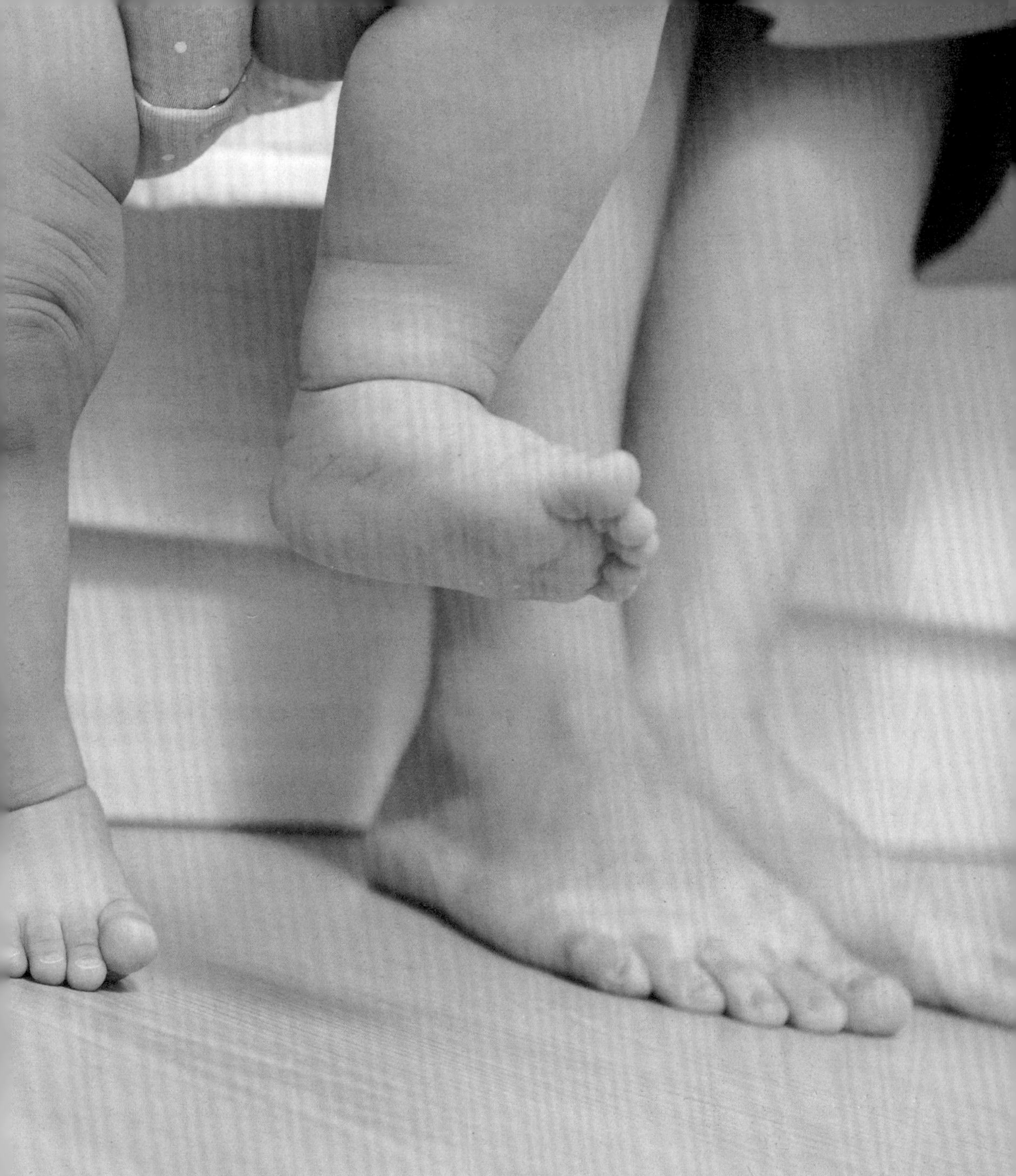

# 解译生命密码

# 遗传物质何时被发现

Q1 孟德尔发现了什么？

Q2 遗传因子藏在哪里？

Q3 「转化因子」究竟是什么？

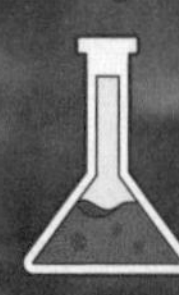

# 孟德尔发现了什么？

Q1

生命的特征——黑眼睛、黄皮肤、双眼皮等，由父母传给孩子，再由孩子传给孩子的孩子，这个过程就是遗传。

在 200 多年前，人们知道孩子会继承父母的特点，但是为什么会如此，没有人知道。

这个问题的解答要等到 19 世纪中叶的捷克。

## 豌豆中的规律

1856 年，捷克布尔诺南郊来了一名奥地利修道士——格雷戈尔·孟德尔。他在修道院的后院开垦了一块地种豌豆，每天驱赶传递花粉的蜜蜂和甲虫。他被称为“遗传学之父”。他所做的就是著名的豌豆实验。

根据 8 年的观察和统计数据，孟德尔在 1866 年发表的《植物杂交试验》中提出了“遗传因子”的概念。虽然当时的孟德尔并不知道 DNA 的存在，但他证明了有一种东西决定了植物的下一代应该长成什么样。

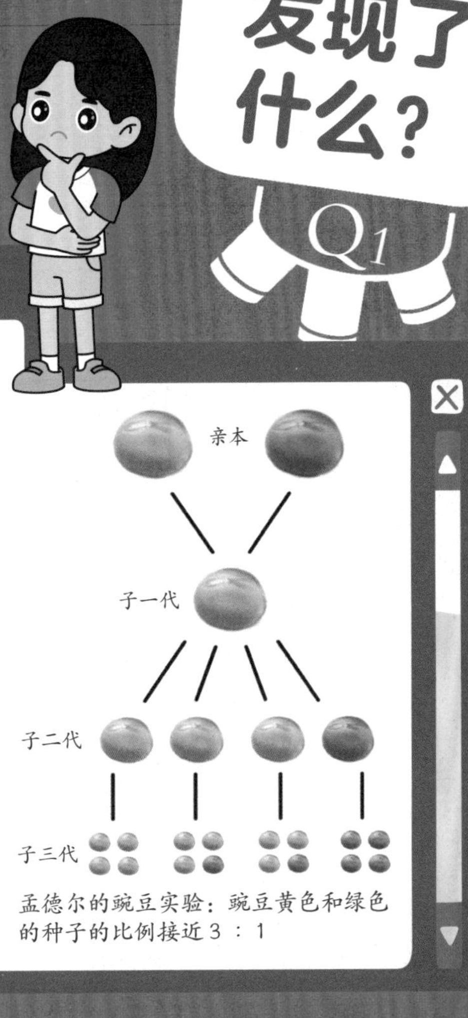


孟德尔的豌豆实验：豌豆黄色和绿色的种子的比例接近 3 ：1

## 豌豆实验

孟德尔研究豌豆的特征如何从一代传递到下一代。在一次实验中，他选择高茎的雄株和矮茎的雌株进行杂交，研究它们的子代。他发现，子代长出来的都是高茎豌豆。而把这些子代高茎豌豆的种子种下去之后，长出的豌豆又变得有高有矮，似乎看不出有什么规律。不过，孟德尔仔细数了一下第三批高茎和矮茎豌豆，发现它们的比例接近 3 ：1。随后，他又研究了豌豆种子的颜色，也发现了相似的结果。

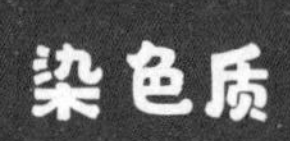

## 染色质

孟德尔提到的某种东西很快就被其他科学家发现了。1879 年，德国生物学家华尔瑟·弗莱明发现细胞核内有一种物质可以被碱性染料染成深色。在细胞不分裂的时候，它们像一团乱麻一样看不到头和尾，弗莱明称其为染色质。

当细胞准备分裂的时候，这些丝状的染色质会不断地螺旋式缠绕，变短变粗，最终形成圆柱状或者杆状的染色体散落在细胞核中，很容易被观察到。

在大部分时间中，染色体并不是我们通常所描述的“X”形，它更像是一大团意大利面。当染色体呈“X”形时，就意味着左右两侧的染色单体要分开了。

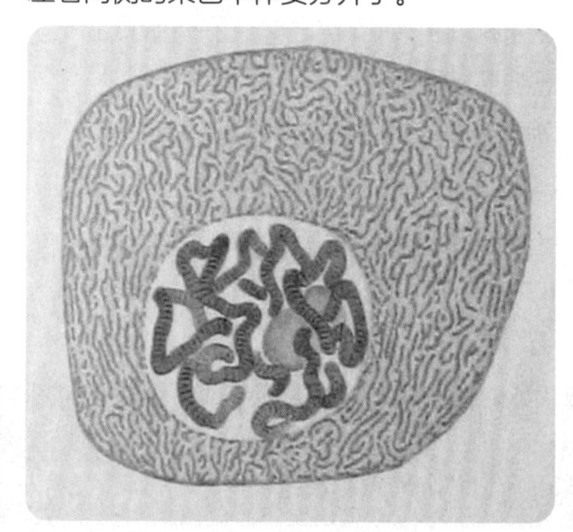

弗莱明在《细胞基质、细胞核以及细胞分裂》中引用的图片。图中显示了一只摇蚊唾液腺细胞中的多线染色体

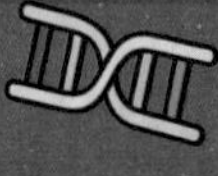

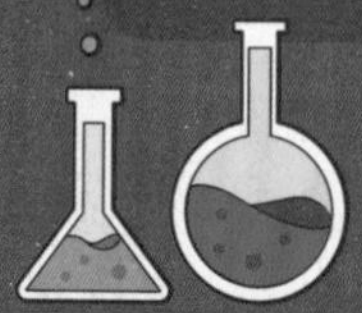

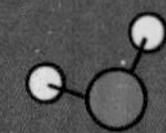

## 遗传物质与染色体

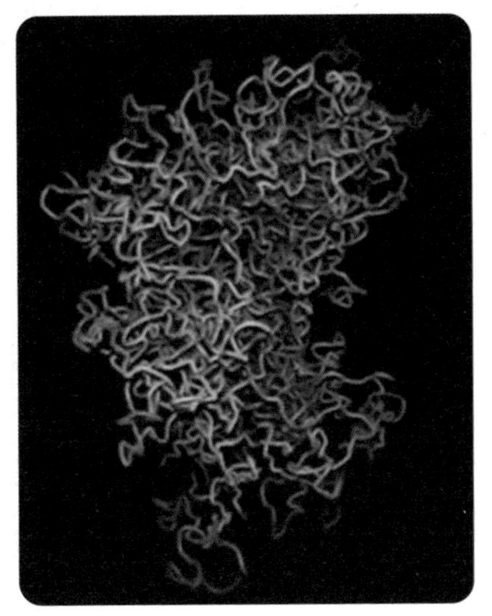

2013年，英国剑桥巴布拉汉研究所等机构的研究人员用计算机构建出了染色体3D模型（图片来源：Drs Tim Stevens and Takashi Nagano, Babraham Institute）

当时，弗莱明并不了解孟德尔的发现，并没有将染色体和遗传因子联系起来，否则这将是基因科学的又一个重要发现。这个联系直到1902年才露出端倪。美国生物学家萨顿和鲍维里在研究中发现染色体在细胞内总是成对存在的，并推测遗传物质位于染色体上。1928年，美国生物学家托马斯·摩尔根在用果蝇做实验的过程中，发现果蝇眼睛的红色或者白色实际上是与特定的染色体相关的，这在一定程度上证明了遗传物质存在于染色体上。基因携带着对应于某种生物特征的编码，而成千上万的基因组成了染色体。

科学家知道了基因储存的位置，不过仍然有许多谜题——所谓的遗传因子是什么东西？它由什么构成？又如何工作？谜底直到1944年才被揭开。加拿大生物学家奥斯瓦尔德·艾弗里和同事共同发现DNA是染色体的主要成分和构成基因的主要材料。

## 测试肺炎双球菌

1928年，英国的弗雷德里克·格里菲斯在实验中发现了一个有趣的现象。他测试了两种肺炎双球菌，一种表面粗糙（R型，无毒），另外一种表面光滑（S型，有毒）。格里菲斯认为，被加热杀死的S型菌存在一种“转化因子”，它把R型菌转化成S型菌，使小鼠患败血症而死亡。

# “转化因子”究竟是什么？

Q3

艾弗里发现DNA就是“转化因子”

## 研究S型肺炎双球菌

1944年，艾弗里又对S型肺炎双球菌进行研究，分别提取出S型菌的DNA、蛋白质和荚膜物质，与R型菌一起培养。他发现，只有DNA与R型菌共同培养的时候，R型菌才会转化成S型菌。如果加入一种酶把DNA降解掉，R型菌就不再转化成S型菌。S型菌的DNA就是“转化因子”，它把没有毒性的R型菌转化成有毒的S型菌。DNA就是科学家一直寻找的遗传物质。

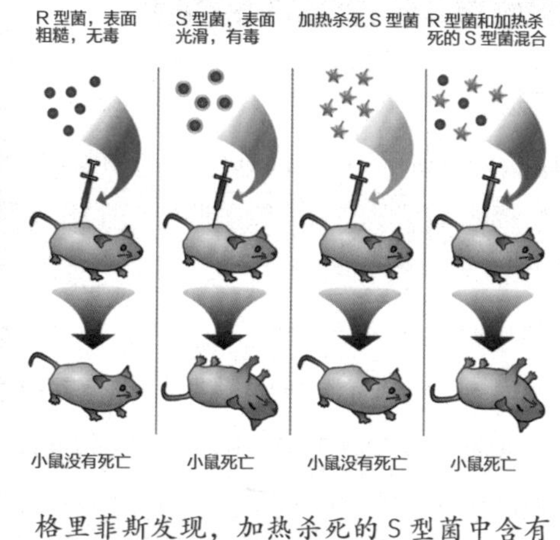



格里菲斯发现，加热杀死的S型菌中含有“转化因子”，它把R型菌转化成S型菌

## DNA

科学家很快发现了DNA的更多性质。他们知道不同生物拥有不同的DNA，而同种生物同一个体细胞中的DNA相同。他们还知道DNA是由四种被称为“核苷酸”的基本化学物质组成。

不过，科学家仍有疑问，为什么化学物质的组合可以拥有这么复杂的功能。这个谜题随着DNA双螺旋结构的发现陆续被解开。

## 染色体重组产生个体差异

1956 年，美籍华裔遗传学家蒋有兴和阿尔伯特·莱文首次证明，人体细胞染色体数目为 46 条。这 46 条染色体按照大小、形态配成 23 对。

不过，在卵细胞和精子中，染色体各有 23 条。生殖细胞在形成卵细胞和精子的过程中，会发生减数分裂，原来配对的两条染色体会分开，分别进入两个新的生殖细胞中，同时染色体的数目由 23 对变成 23 条，刚好减少一半。

当卵细胞和精子结合形成受精卵时，又变成 23 对，这样不仅可以维持细胞内的染色体总数不变，还保证了孩子的每一对染色体都有一条来自父亲、一条来自母亲，因此，孩子才会遗传父母的特征。

不过，在减数分裂的过程中，配对的两条染色体到底哪一条进入这个生殖细胞，又是哪一条进入另外一个生殖细胞，这可说不准。正是因为这个过程有很多的不确定性，不同组的染色体之间才得以进行重新组合。正是在这个重新组合的过程中，产生了个体之间的差异。

## 染色体的构成

第 1 对到第 22 对叫作常染色体，为男女所共有；第 23 对是一对性染色体，男女不同。男性由一个 X 性染色体和一个 Y 性染色体组成 XY，女性则由两个 X 性染色体组成 XX。性染色体决定了性别，而常染色体则决定了除性别外的其他特征。

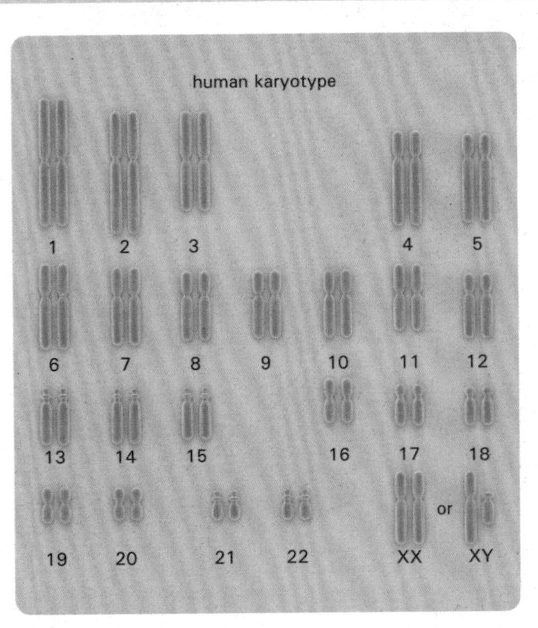


人类有 23 对染色体

# DNA破案记

Q1 发生了一起什么案件？

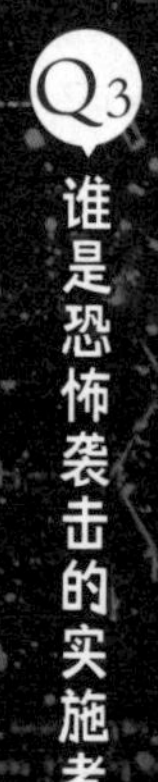

Q2 如何追踪DNA？

Q3 谁是恐怖袭击的实施者？

“该你走了。”拉菲尔·史密森对哥哥说。他的哥哥詹姆斯·史密森是特别科学机构的探员。

詹姆斯跳了马，护住自己的后方，但是 13 岁的小弟已经势不可当。

“将军！”走过三步，拉菲尔说。詹姆斯的电话响了，他拿起了话筒。

“喂？”

接下来，詹姆斯没有说话，静静地听着电话那头的声音。过了一会儿，他说：“我马上到。”然后挂断电话，站起身来。

“我得走了。”詹姆斯说。

“有案子？”

“是啊，真对不起，今天上午没时间陪你下棋了。”

“我能跟你去吗？”拉菲尔问。

詹姆斯考虑了一下，耸了耸肩，说：“为什么不呢？”

一分钟后，他们坐在詹姆斯新买的黑色林肯轿车里，穿过曼哈顿，驶向政府大楼，去处理今天的案子。

“今天的案子是关于什么的？”

“好像是一次生化恐怖袭击。根据最初的报告，我觉得可能是炭疽。”

“为什么是炭疽？”

“政府办公楼收发室的工作人员拦截了一封可疑的信，打开信封的时候，里面撒出白色的粉末。”

“有人受重伤吗？”

“还没有，可能会有一两个人染上重症炭疽，但是可以用抗生素治愈。”

詹姆斯一个刹车，一辆车插到他们前面。

“如果没有人受伤，那么这次袭击就不怎么成功。”

“恐怖分子并不是为了造成最大的伤亡，而是想尽可能地制造恐怖气氛，引起人们的不安。”

“他们为什么要这么做？”

“因为他们想要引起人们对他们的政治目标的注意。制造的混乱越多，引起的注意越多，他们就越觉得自己成功。”

拉菲尔点点头。

他们离犯罪现场越来越近，场面一片混乱，警方已经封锁了大楼周围的两个街区。消防车、警车和救护车停得到处都是，大部分顶灯还亮着。电视台记者像秃鹫一样四下徘徊，都想挖掘独家新闻。拉菲尔明白了，恐怖袭击就算没造成重大的伤亡，也会引发严重的混乱，引起广泛的关注。

詹姆斯向封锁带旁边站着的警官出示证件，警官允许他通行，拉菲尔也跟了进去。

詹姆斯带着拉菲尔见了一个穿棕色风衣和西装的人，他看上去像个官员。

“史密森探员。”那个人说着，和詹姆斯握了握手。

“罗德里格斯探员。”詹姆斯说。

罗德里格斯把他们带到收发室，这里已被隔离，并做了负压处理，防止里面的东西泄漏。他们在收发室前停下脚步，换好防护服。

“带他进去安全吗？”罗德里格斯指着拉菲尔问詹姆斯。

“没问题的。”

罗德里格斯耸耸肩，说：“那听你的。”

詹姆斯教拉菲尔穿好防护服。穿上防护服很热，拉菲尔马上就出汗了。

“这是什么？”詹姆斯在收发室里问。

“看上去像是炭疽杆菌的芽孢。”罗德里格斯回答。

“炭疽杆菌就是引发炭疽病的细菌。”詹姆斯对拉菲尔说，“人可以把芽孢当作‘武器’，就像今天这样。”

詹姆斯掏出一个无菌小瓶，小心翼翼地将一些芽孢装进瓶子里，对罗德里格斯说：“我会叫人把这些送到实验室去的。”

“看看能不能使用DNA追踪技术，

我们原本打算通过笔迹来寻找罪犯，现在似乎已经走进了死胡同。我们从信封上得到半个指纹，说不定能有些结果。但情况不太乐观。”

“我亲自带着这个去实验室。”詹姆斯边说边带着所有人走出了隔离区。他们脱掉了防护服，穿过警察和记者群，坐进詹姆斯的车。

詹姆斯和拉菲尔开车来到曼哈顿郊区一座没有标志的砖楼前。停好车，带着样品走了进去。

“这是史坦尼斯博士。”穿着白大褂的博士向他们表示欢迎的时候，詹姆斯向拉菲尔介绍。实验室里满是黑色的实验台，还有各种设备，比如电泳机、离心机、热循环仪，以及DNA测序仪。

“如果测定出样品的DNA序列，就可以和数据库里面的菌株进行比对？”拉菲尔说。

“对。我们就会知道它是从哪个实验室流出来的，也能知道实验室里的谁可以接触到这些样品。”史坦尼斯博士说。

“然后我们就能逮捕那些坏人，把他们送进监狱。”詹姆斯胸有成竹地说。

“这没问题，我盯紧了。”史坦尼斯博士对詹姆斯说，“判断是不是炭疽杆菌大概要几个小时。”

“DNA序列呢？”

“明天下午应该能有结果。”

“好。”

詹姆斯和拉菲尔走出大楼，上了车。

“现在呢？”

“现在我们等着就好了。”他们花了很长时间吃午餐，餐后接到史坦尼斯博士的电话，确认样品里含有炭疽杆菌。詹姆斯给罗德里格斯打电话，把结果告诉了他。

“那半个指纹的调查也有进展了，”罗德里格斯说，“是詹妮·麦克林，我们已经逮捕她了。”

## DNA追踪技术的原理

地球上所有的有机体都是由细胞——一个或者多个细胞构成的。DNA是由核苷酸组成的。不同种类的核苷酸排列顺序决定DNA的性质。细菌是单细胞的，因此每个细菌的细胞里都有一条环形的染色体，上面包含着独一无二的基因组。不同种类的细菌的DNA序列各不相同。

# 谁是恐怖袭击的实施者？

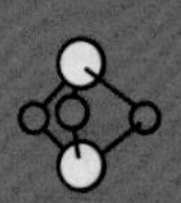

Q3

詹姆斯和拉菲尔回到了特别科学机构总部。

“她在 1 号讯问室。”罗德里格斯告诉詹姆斯。

“你可以透过双面镜来看。”詹姆斯对拉菲尔说。

拉菲尔点点头。他已经激动得不能自已——就像是电影中表现的一样。

詹姆斯问了嫌疑人詹妮·麦克林一些问题。但是在整个讯问过程中，詹妮一直都在强调她是无辜的。她看上去已经非常疲惫，完全疲于应付。看詹姆斯问完以后，拉菲尔觉得詹妮不可能撒谎。

审讯结束后，哥儿俩回了家。

第二天，他们正要开始新一盘棋局的时候，电话响了起来。詹姆斯拿起话筒，点点头，然后挂断了。

“是史坦尼斯博士。他已经做完了测序，并且和数据库进行了比对，他确认这个菌株来自布朗克斯的一个研究机构。我们出发！”

他们一起跑出门，登上了詹姆斯的林肯轿车，一路穿过拥挤的车流，来到布朗克斯的研究机构。

詹姆斯向秘书出示证件，秘书看后打电话给实验室主任。

“我是戴维斯博士。”实验室主任说。

“什么人能拿到炭疽杆菌？”

“那是个隔离区域。只有我们的微生物学家约翰逊博士可以进入。”

“带我去见约翰逊博士。”

戴维斯博士带着他们进入公用的办公室。

“约翰逊博士！”戴维斯博士对着坐在电脑前的一个人叫道。约翰逊博士站了起来，脸上满是疑惑不解的表情。他大约 40 岁，身材匀称，有一头黑色短发。

“怎么了？发生什么事了？”

詹姆斯往前走了几步，从口袋里掏出手铐，铐住疑惑的科学家，说道：“约翰逊博士，我是特别科学探员詹姆斯·史密森。你被捕了。”然后詹姆斯对他宣读米兰达权利。

“为什么？”

“因为生物恐怖袭击。你通过信件发送炭疽杆菌芽孢。”

“我没做过这种事！”约翰逊抗议道。

“好啊，去跟陪审团说吧！”詹姆斯说。他转过脸来对着拉菲尔说：“他们都说自己是无辜的。”

拉菲尔点点头，但是离开的时候，他无意中看到了詹妮·麦克林的照片，就贴在一台电脑显示器后面的墙上，电脑前坐着一个实验室技术人员。

“看！”拉菲尔对他哥哥说，“这肯定不是巧合！”

顺着拉菲尔的手指，詹姆斯也看到了照片。“你是谁？”他问坐在电脑前的年轻人。年轻人没有回答，而是站起身拔腿就跑。

拉菲尔伸出腿，绊了他一下，那个人重重地摔在了地上。詹姆斯迅速扑上去，给他铐上手铐。

两个小时后，詹姆斯走出特别科学机构的讯问室。

拉菲尔在等他。

“看来是你破了案。”詹姆斯说，“那个技术工人是詹妮的男友。他偷走约翰逊博士的门禁卡，复制了一张假卡，然后又偷了炭疽杆菌，这样背黑锅的就是约翰逊博士。他的失误就是用了从詹妮家拿到的信封，不知道上面有詹妮的指纹。他差一点就逃掉了——如果你没发现詹妮的照片的话。因此，是你让一个无辜的人免受牢狱之灾，并且帮我们把坏蛋绳之以法。”

拉菲尔脸红了，半是骄傲半是尴尬。“我只是做了应该做的。”他谦虚地说。

“不管怎样，你做得很好。以后我去查案，你随时可以跟着。”

拉菲尔使劲点了点头。

## 神奇的DNA序列

不只是不同种类的细菌的 DNA 序列不同，不同菌株的同种细菌的 DNA 序列也有细微的差别。对于像炭疽杆菌这样危险的细菌，不同菌株的区别都记录在数据库里。

# 神奇的双螺旋梯子

Q1 我们如何观察DNA？

Q2 细胞是如何分裂的？

Q3 基因是什么？

# 我们如何观察DNA？

Q1

在自然环境中，没有一个人的 DNA 和另一个人的 DNA 完全相同。这一串储存着“你是谁”的信息密码，决定了你的相貌、可能会患的疾病等。它可以说是“无处不在”。

## 寻找 DNA

随着显微镜倍数的不断增大，你看到了细胞。它们像一座座小房子，是组成生物体的基本单元。每一个细胞都是一个独立的个体，当然彼此之间也相互联系。穿过细胞膜，细胞内的物质出现了，这是一个黏稠的液体环境。随着镜头的推移，在细胞的中央，你会看见一个圆圆的球状结构，这里的密度明显增加，外面包裹着一层膜——核膜。穿过这层膜，就进入细胞内最重要的结构。

## 分裂中的细胞

如下一页中的图所示，这是一个正在进行分裂的细胞。你看到了细胞中的“X”形染色体以及染色体中的“细丝”。“细丝”由一根缠绕在一些组蛋白上的“蓝丝带”紧紧堆叠而成。“蓝丝带”由一串呈双螺旋结构的化学物质组成。这些化学物质就是 DNA（脱氧核糖核酸）。

## 人体中的细胞

我们每个人拥有 40 万亿 ~ 60 万亿个细胞；每个细胞的直径为 10 ~ 20 微米；细胞分裂时，染色体的直径约 0.7 微米，也就是 700 纳米；染色体的“细丝”的直径为 20 ~ 30 纳米；组成“细丝”的“蓝丝带”整体直径 2 纳米。

## 细胞里装着多少 DNA

如果将“蓝丝带”全部拉出来量一量的话，有 2 米长。如果我们以 10 万亿个细胞来计算，将细胞里面的 DNA 首尾相接连成一条线，它的长度为 200 万亿千米，这个长度不是地球到太阳距离的一个或两个来回，而是好几十个来回！

# 细胞是如何分裂的？

Q2

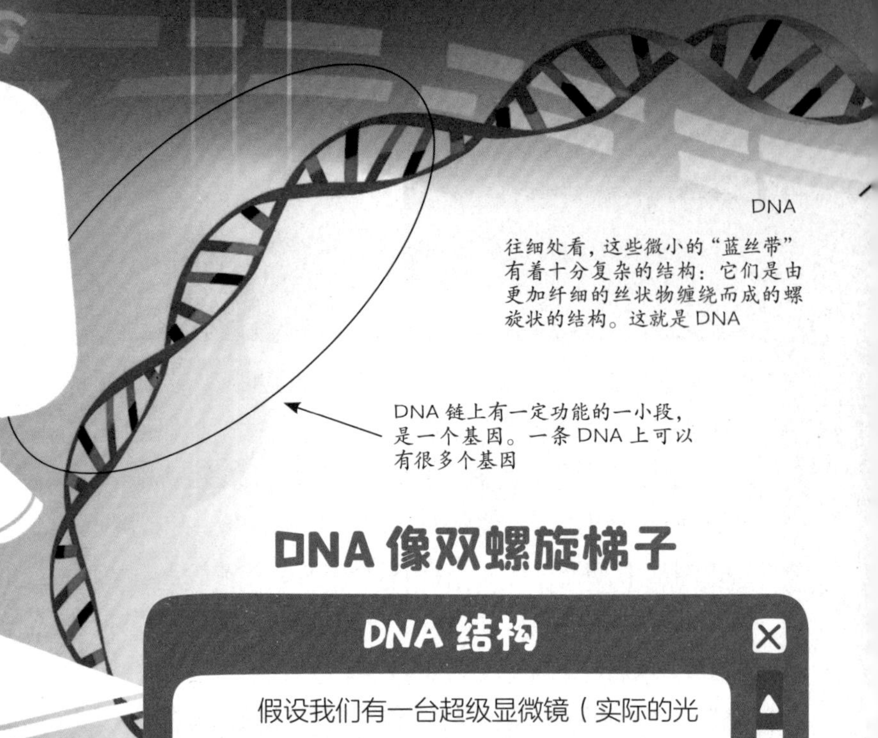

DNA

往细处看，这些微小的“蓝丝带”有着十分复杂的结构：它们是由更加纤细的丝状物缠绕而成的螺旋状的结构。这就是 DNA

DNA 链上有一定功能的一小段，是一个基因。一条 DNA 上可以有很多个基因

## DNA 像双螺旋梯子

### DNA 结构

假设我们有一台超级显微镜（实际的光学显微镜无法做到），它的放大倍数足够大，我们就可以观察到 DNA 的结构：

一条 DNA 由两条脱氧核糖核苷酸链组成，每一个脱氧核糖核苷酸由一个磷酸、一个脱氧核糖和一个碱基构成。

DNA 像一架螺旋上升的梯子，梯子两侧的骨架由磷酸和脱氧核糖搭起。梯子内侧的一条条横杆是碱基对，它们分别连在两侧骨架的糖分子上。

碱基按一定顺序排列，编成了遗传信息的密码，指导蛋白质的合成。

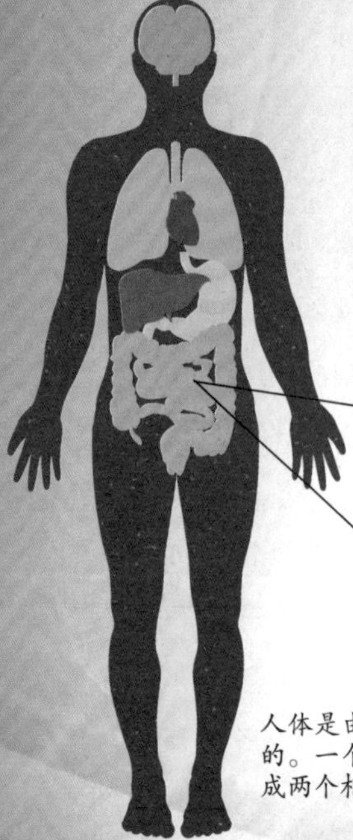

细胞

人体是由各种细胞组成的。一个细胞可以分裂成两个相同的细胞

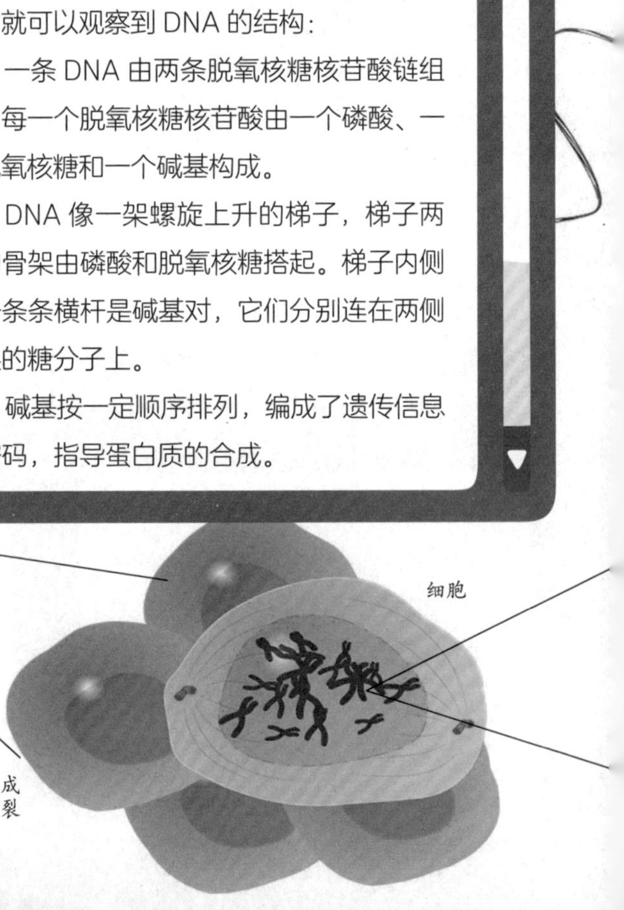

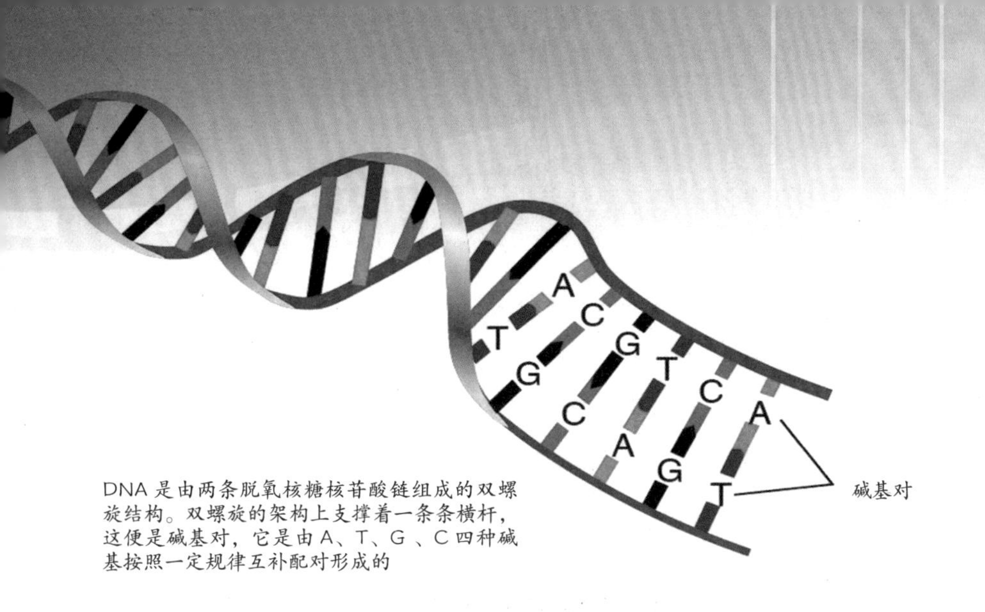


DNA 是由两条脱氧核糖核苷酸链组成的双螺旋结构。双螺旋的架构上支撑着一条条横杆，这便是碱基对，它是由 A、T、G 、C 四种碱基按照一定规律互补配对形成的

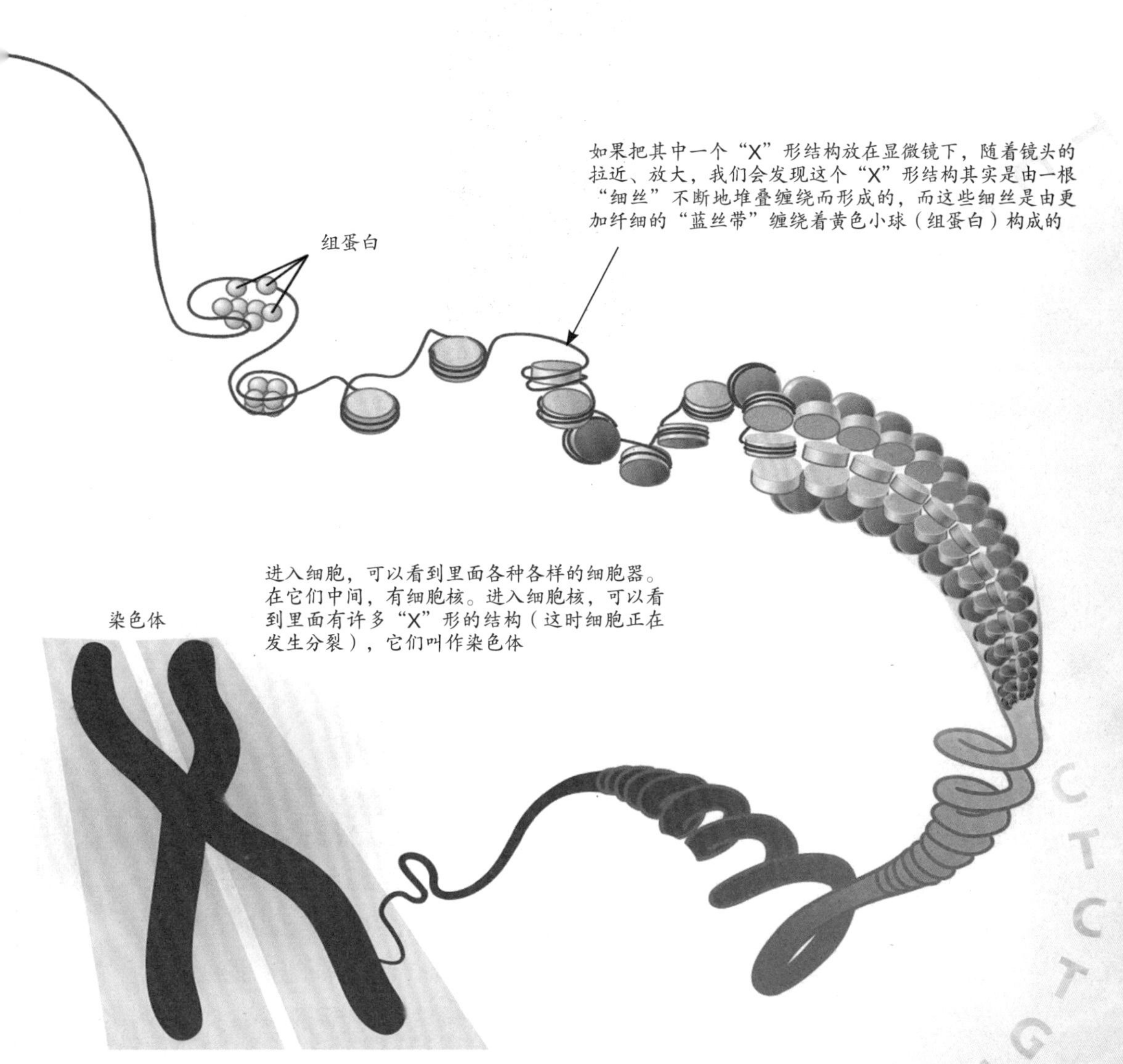


如果把其中一个“X”形结构放在显微镜下，随着镜头的拉近、放大，我们会发现这个“X”形结构其实是由一根“细丝”不断地堆叠缠绕而形成的，而这些细丝是由更加纤细的“蓝丝带”缠绕着黄色小球（组蛋白）构成的

进入细胞，可以看到里面各种各样的细胞器。在它们中间，有细胞核。进入细胞核，可以看到里面有许多“X”形的结构（这时细胞正在发生分裂），它们叫作染色体

# 基因是什么？

## DNA 的组合

每单位长度的 DNA 包括 30 亿个以上的密码字母。想一想，每一个位置都有 4 个字母选择，这将产生多少种组合呢？答案是近乎无限。我们每个人的 DNA 跟其他任何一个人相比，大约有 99% 是相同的，这确保了我们都属于人类，而剩下的仅仅 1% 的差别就让我们每个人看起来都如此的不同。

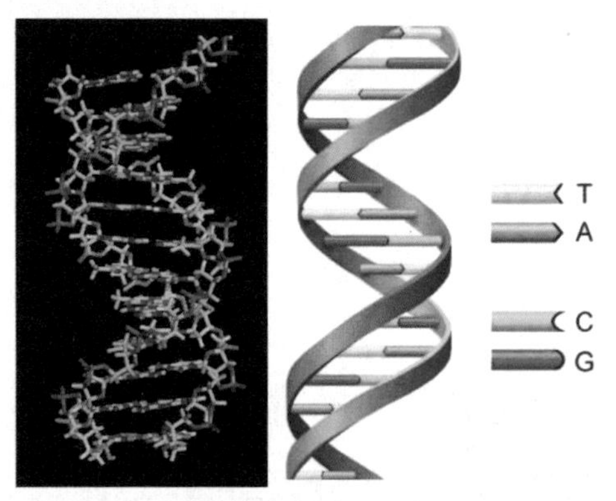


碱基分为四种，分别为腺嘌呤（A）、胸腺嘧啶（T）、胞嘧啶（C）、鸟嘌呤（G）。其中，A 与 T 配对，C 与 G 配对，两条链上的碱基按照固定的配对规则，相互吸引在一起，形成横杆

DNA 被称为“地球上最非同寻常的分子”。它是化学物质，但是由它构成的指令决定了一个在老鼠体内的受精卵将发育成老鼠而不是大象。

在一条 DNA 链中，并不是所有的碱基序列都能形成指令。其中只有一小部分长短不同的特殊片段，它们的碱基序列能够指导蛋白质的合成，形成生物体和执行各种生物体的功能。这些片段就是基因。

## 信息传递

基因一词来源于希腊语“genos”，意思是出生或起源。的确，生物体的一切活动都依赖于基因，因为它们决定蛋白质的合成。基因携带构建细胞和维持生物体形态的所有信息，这些信息可以从一代传递给下一代，保证物种的延续。

## 基因的数目

不同生物体所含有的基因的数目可以相差很大，比如：支原体（一种原核生物）仅含有不到 500 个基因，而人类染色体含有的基因是 2 万多个。

## 基因的内容

一般来说，同一生物体中的每个细胞都含有相同的基因。不过，在每个细胞中，并不是所有基因携带的形态特征等遗传信息都能表达出来。负责不同功能的细胞中，发挥作用的基因也不同。

## 人类基因组计划

“人类基因组计划”所做的工作就是测定人类染色体上的碱基序列，辨识基因和记录位置，然后将每个基因和其对应功能联系起来，最终破解人类的遗传密码。

基因在染色体上的位置

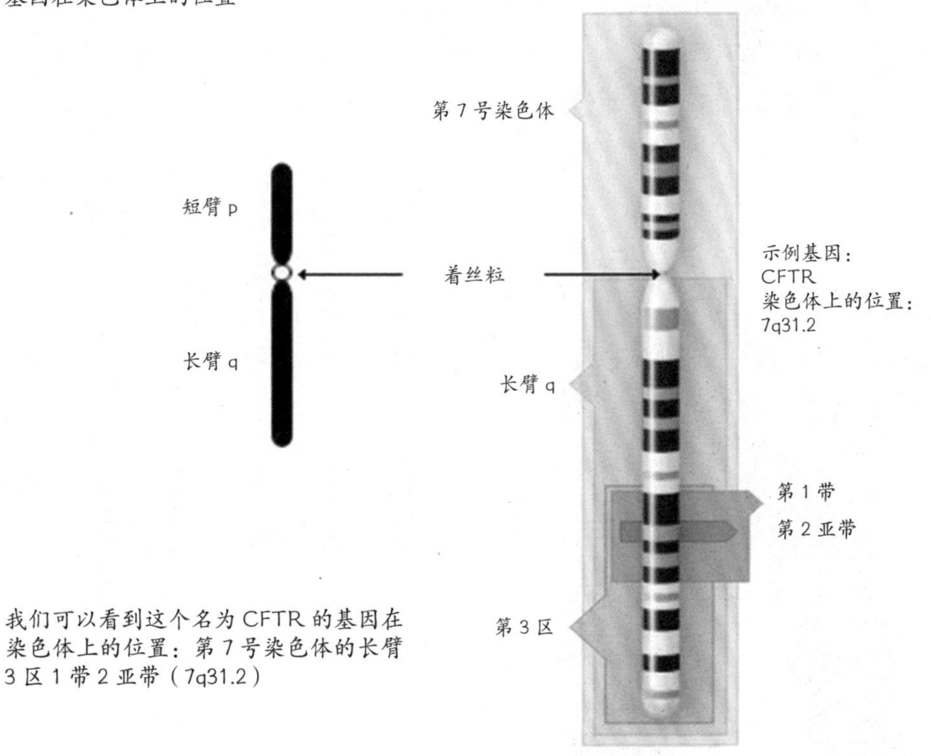


我们可以看到这个名为 CFTR 的基因在染色体上的位置：第 7 号染色体的长臂 3 区 1 带 2 亚带（7q31.2）

# 四个科学家角逐拼出DNA全貌

詹姆斯·沃森

弗朗西斯·克里克

Q1 如何确定DNA分子形状？

Q2 他们的研究内容是什么？

Q3 沃森与克里克合作研究了什么？

Q4 富兰克林对沃森有哪些影响？

Q5 沃森与威尔金斯获得了什么灵感？

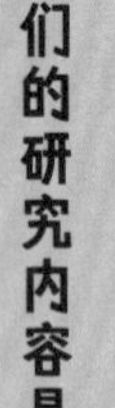
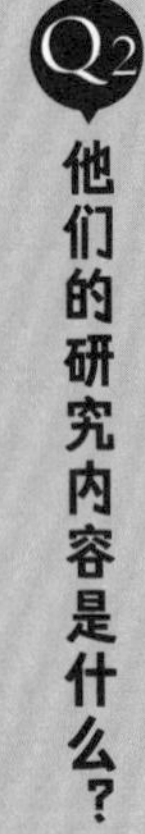
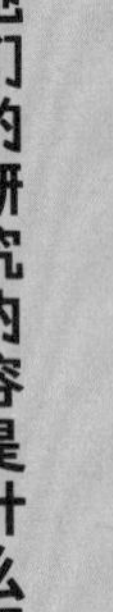
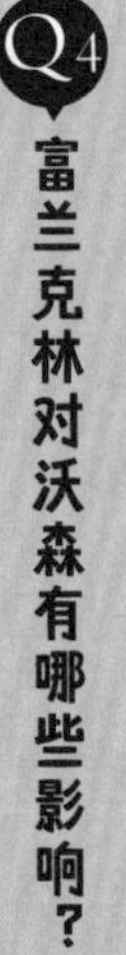

# 如何确定DNA分子形状？

Q1

## 染色体学说的建立

染色体于1888年被命名。科学家摩尔根和他的同伴小心翼翼地观察果蝇在遗传方面一切微小的变化，他们研究出了某些特点和特定的染色体之间的相互关系，证明了染色体在遗传过程中的关键作用，从而建立了遗传的染色体学说。

莫里斯·威尔金斯

罗莎琳德·富兰克林

1944年，加拿大科学家艾弗里领导的研究小组经过15年的努力，成功地证明了某种与染色体相关的东西支配着细胞的繁殖，也就是DNA。DNA不是一种惰性分子，而是遗传过程中极为活跃的信息载体。

那时科学家的设想是，如果能确定DNA的分子形状，就能明白它是怎样完成它所做的一切的。

历史的使命落到了四位科学家的头上。他们是莫里斯·威尔金斯、罗莎琳德·富兰克林、弗朗西斯·克里克和詹姆斯·沃森。这四位科学家不在一个小组，但他们之间有着复杂的关系。

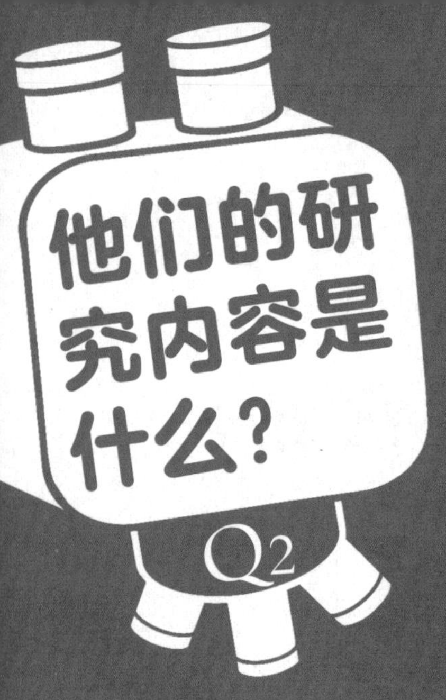


# 他们的研究内容是什么？

罗莎琳德·富兰克林

在这四个人当中，罗莎琳德·富兰克林是最富神秘色彩的一位。詹姆斯·沃森将富兰克林描绘成一个不可理喻、守口如瓶、不善于合作、故意不想有女人味的女人。而她的衣着“完全是一副英国青年女才子的派头”。

富兰克林因成功运用 X 射线晶体学方法研究煤炭结构而享有盛名。伦敦大学国王学院聘请这位英国女科学家继续使用这个方法（用 X 射线来拍摄分子照片）来研究 DNA 的结构。

在破译 DNA 结构的研究方面，富兰克林通过 X 射线衍射技术获得了更为清晰的图像，但她拒绝与别人分享她的研究成果。

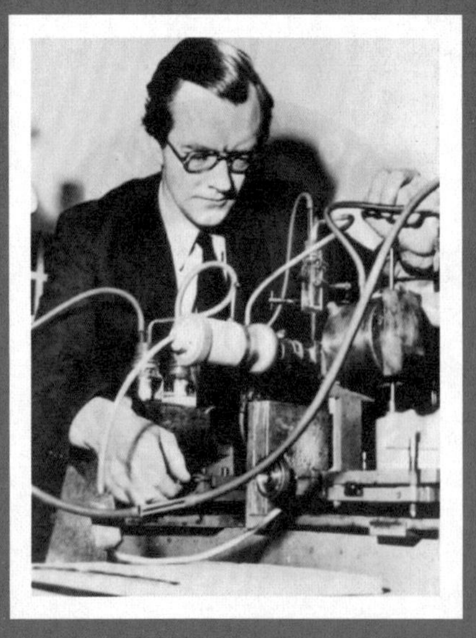

莫里斯·威尔金斯

当时，英国生物物理学家莫里斯·威尔金斯已开始用 X 射线研究 DNA。顾名思义，X 射线衍射技术是应用于具有规则、重复结构的晶体中的。X 射线遇到晶体分子会向不同方向弯折，散射的方向由原子排列的位置决定。改变方向的 X 射线形成的图像称为衍射图，可以用一种感光纸捕捉到。如果分子中原子呈规则排列，生成的图像将是清晰、互不干扰的点。不同的晶体结构生成的 X 射线衍射的图像不同。

## 威尔金斯和雷蒙德·葛斯林的实验

但 DNA 分子看起来不像是晶体，威尔金斯和博士生雷蒙德·葛斯林抱着试一试的心理做了实验，没想到获得了一幅规则的图片。这说明要了解 DNA 的结构，X 射线衍射法是至关重要的方法。

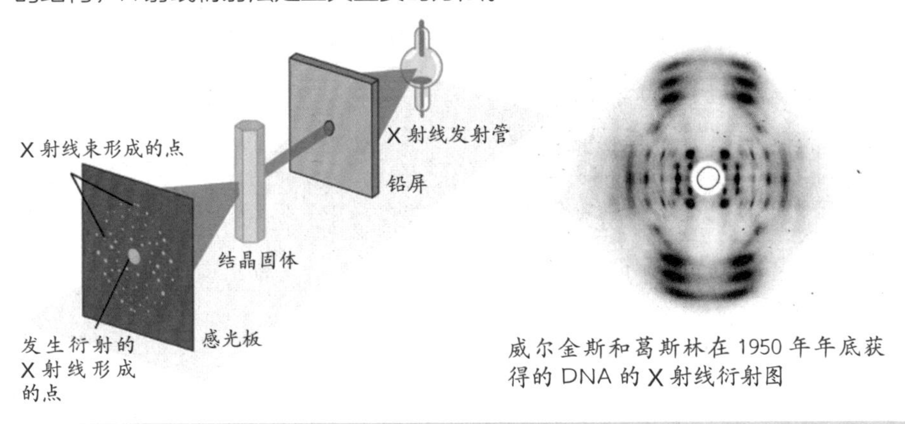


威尔金斯和葛斯林在 1950 年年底获得的 DNA 的 X 射线衍射图

## 富兰克林的到来

1951 年 1 月，富兰克林来到国王学院时，威尔金斯不在学校。威尔金斯回到国王学院时，以为他和富兰克林可以合作，而且有可能的话，他还可以监督指导富兰克林的工作。遗憾的是，富兰克林坚持要独立进行研究。不久，他们之间变得水火不容，合作已全无可能。

在 20 世纪 50 年代的国王学院，女性研究人员备受歧视。不管她们的职位有多高，成果有多卓著，她们都不会被允许进入学院的高级休息室，甚至不得不在一个简陋的房间里就餐。因此，富兰克林把她的成果锁在抽屉里，也就不足为怪了。

## 科学家使用 X 射线的原因

这是因为 X 射线的波长比分子要小，而可见光的波长比 DNA 分子要长得多。使用可见光来观察分子，就好比用米尺来测量跳蚤腿的长度。科学家虽然无法直接看到构成晶体的原子的情况，但是可以通过 X 射线衍射图形重构晶体的结构。这有点像用影子来测量一个人的高度。

## 合作困境

尽管他们的生活背景相似，但是威尔金斯的性格在某些方面与富兰克林正好相反。他说话轻言轻语，对富兰克林咄咄逼人的气势，他并不会针锋相对地反驳，而总是以沉默应对。他们俩形同水火，互不相容：富兰克林不善交际，不愿与人沟通；威尔金斯则非常乐意与国王学院的其他同事及剑桥大学的其他科学家交流自己的想法，这种性格后来被证明是他事业取得成功的关键。

在距离国王学院约 80 千米的剑桥大学卡文迪许实验室，美国科学家詹姆斯 · 沃森与研究生弗朗西斯 · 克里克已开始进行共同研究。事实证明他们之间的合作友好而富有成效。他们知道，诺贝尔奖属于最先公布 DNA 结构的研究小组。因此，他们决定充分运用所能得到的每一条信息来构建 DNA 分子模型。

## 富兰克林的曾经

到伦敦之前，富兰克林曾在巴黎的一个实验室工作。在那里，人们能够接受她好争论的个性，她跟同事们相处得也很融洽。而在英国，她的直率性格使得自己被孤立起来。她的这种个性让威尔金斯感到尤为头疼。

## 掌握的信息

沃森和克里克已经掌握的信息是：DNA 是由核苷酸组成的长链分子。核苷酸包含脱氧核糖、磷酸和碱基三种物质，核苷酸很可能就是以其中某些物质作为主链形成的。他们还知道目前总共有四种不同的碱基，两个嘌呤（腺嘌呤、鸟嘌呤）和两个嘧啶（胸腺嘧啶、胞嘧啶），其缩写形式分别是 A、G、T、C，并且这四个碱基都是平面分子。此外，他们还从奥地利生物化学家欧文 · 查戈夫那里获悉：A 的数量等于 T 的数量，C 的数量等于 G 的数量。另外，还得到了威尔金斯 1951 年 5 月在意大利分享的成果——DNA 具有重复性的结构。

## 假设的 DNA 结构

沃森和克里克无法像富兰克林和威尔金斯那样使用 X 射线衍射方法，他们没有高质量的 DNA 样本。两人选择了另一条路，就是用他们获得的线索，将原子一个个拼起来，形成假设的 DNA 结构，快速判断化学连接是否合理，然后调整，形成新的假设。如历史学家莉萨・贾丁所说，用这种方法获得的成果带有“偶然性”。

在关于破译 DNA 的普遍说法中，克里克和沃森赢得了最多的喝彩，但是他们的突破是建立在竞争对手的研究成果基础之上的，至少在开始阶段，威尔金斯和富兰克林两位学者已经走在了前面。

沃森和克里克在拼装 DNA 结构

## 富兰克林与沃森

在剑桥大学的 DNA 结构研究中，有一条关键的线索来自富兰克林的研究成果。如前所述，沃森和克里克的研究方法需要 X 射线衍射图作为基础，他们一直关注任何有关 DNA 结构的论文或讨论。当沃森听说富兰克林准备在伦敦大学分享她的研究成果时，他立刻决定前往。

## 富兰克林的成果

1951 年 11 月，富兰克林发布了她最新的研究成果。1951 年的整个夏天，富兰克林和葛斯林一起用她研发的衍射技术测试不同湿度下 DNA 的样本。在干燥环境中，DNA 束显得更粗，呈现出多个散落的黑色斑点，因为更像晶体，所以获得的图片更清晰；当湿度增加时，DNA 束拉长，虽然图像模糊，但黑色斑点的排列方式较为简单，更容易解读，一个“X”形呈现出来了。干燥的 DNA 衍射形状被命名为 A 型，湿润的为 B 型。而威尔金斯在 1950 年年底获得的图片是两种 DNA 形状的混合。

富兰克林向大家展示了 DNA 的两种图片，并指出，是吸附在 DNA 分子周围的水量变化导致的这种结果。她还推测了组成 DNA 的原子之间的距离。

富兰克林喜欢远足，到过欧洲很多地方

## DNA 模型的构建

沃森根据他在研讨会上听到的富兰克林的演讲内容和自己的记忆，认为已经掌握了足够多的证据，便迫不及待地与克里克开始制作 DNA 模型——一个三螺旋结构的模型，通过镁离子连接组成链条，在中间形成 DNA 分子链的骨架。

## 模型的错误

不过，当富兰克林随同国王学院的研究团队到卡文迪许实验室观看这个模型时，她立即指出了模型的错误：首先，没有研究表明 DNA 中含有镁；其次，也是最致命的错误，镁离子如果存在，会和水分子结合，不可能成为 DNA 分子的骨架。

## 富兰克林的"51 号"照片

于是，沃森和克里克继续修改他们的模型，而富兰克林开始专注于有疑问的 A 型衍射图。她的想法是：先从 A 型上获得尽可能多的信息，然后再把注意力转移到 B 型上去。

在 1953 年 2 月底，沃森拜访了威尔金斯，希望能够得到富兰克林的最新研究成果。威尔金斯向他展示了几天前刚从富兰克林那里得到的"51 号"照片。那是富兰克林数月前拍摄的 DNA 的 B 型衍射照片，但她一直将其保存在抽屉里。

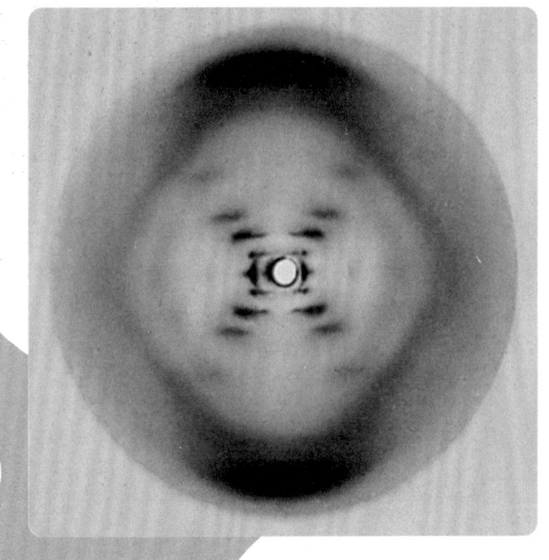

## 世界上最重要的摄影作品

这张照片被认为是世界上最重要的摄影作品之一。它拍摄于 1952 年，主角就是 DNA 分子。它的获得来自一个意外。DNA 样本制作有的时候要耗费 100 个小时，需要过夜，这张照片的主角就是在过夜时意外吸水而被捕捉到的，这实际上是一张 B 型衍射照片。

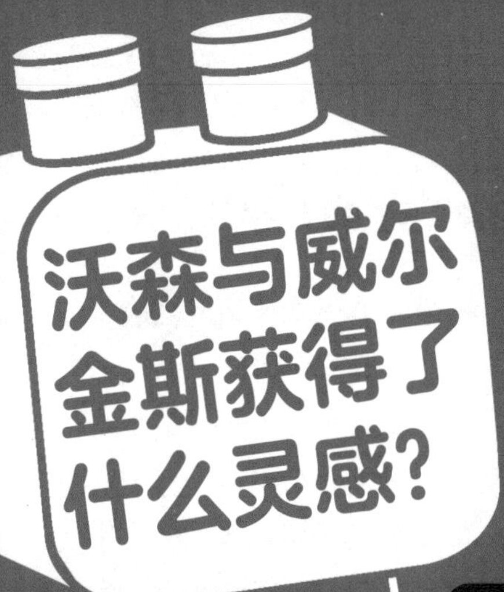


## 沃森与威尔金斯

威尔金斯将富兰克林拍摄的“51 号”照片展示给沃森，但他显然没有向富兰克林打招呼，也没有得到她的许可。多年以后，沃森承认这是“具有决定意义的一件事”。

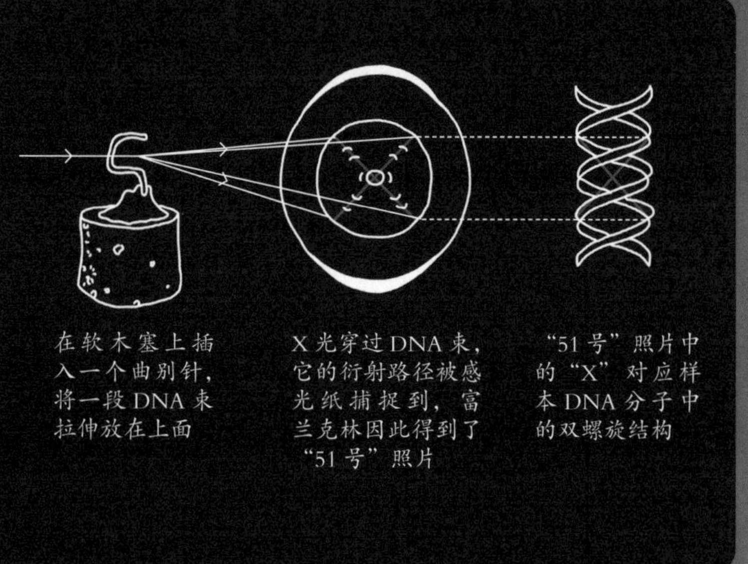


懂得解读 DNA 的人一看便知，图中斑点所呈现的“X”形有力地证明了 DNA 分子是双螺旋状结构的分子。富兰克林当然明白这一点，但是由于 A 型没有呈现出双螺旋状的图像，在未做进一步研究之前，她没有下任何结论。

然而，当沃森看到“51 号”照片的那一刻，他立即意识到自己找到了研究 DNA 分子结构的关键所在。随后，沃森和克里克又想办法从资助富兰克林研究的委员会处获得了没有公开的最新报告，找到了更完整的数据。短短几天内，沃森和克里克借助金属棒和纸抠图，构建了自己的 DNA 模型，从而破解了遗传密码。互补的双链形成扭曲梯子的两边，扁平的、紧密排列的碱基形成梯级。只有像这样简洁而优雅的分子才能发挥作用。

1953 年 4 月 25 日，《自然》杂志刊登了一篇沃森和克里克撰写的 900 字的文章，名为《DNA 的一种结构》。在同一期杂志中，还有两篇分别由威尔金斯和富兰克林撰写的文章。

当富兰克林看到沃森和克里克的模型时，她对眼前展示的优雅的 DNA 结构赞赏不已。而对输掉这场“比赛”，富兰克林从未流露出一丝失望之情。因为对她来说，这本来就不是一场比赛，而是一次探索真相之旅。

## 富兰克林的离世

此后不久，富兰克林跳槽到伦敦大学伯贝克学院。1958 年，37 岁的她因患癌症去世。人们大多认为她的癌症是在工作时长期接触 X 射线导致的。

## 诺贝尔奖四缺一

1962 年的诺贝尔奖最终颁给了发现 DNA 分子结构的沃森、克里克和威尔金斯。沃森认为，如果罗莎琳德·富兰克林当时还健在的话，那么她就可能会取代威尔金斯的位置，分享诺贝尔奖的荣耀，因为诺贝尔奖从未就一项发现同时颁发给三人以上。

富兰克林始终不知道自己的研究工作在发现 DNA 结构中所起的巨大作用，因为她不知道沃森和克里克看到过她拍摄的照片和那份当时未公开的报告。

## 发现被确认

沃森和克里克的发现实际上到了 20 世纪 80 年代才最终得到确认。正如克里克在他的一本书中所说的：“我们的 DNA 模型从被认为似乎是有道理的，到非常有道理，再到最终被证明是完全正确的，用了 25 年的时间。”

### 富兰克林没有获得诺贝尔奖的原因

由于诺贝尔奖不授予已过世的人，因此富兰克林最终没有获得诺贝尔奖。

# DNA复制的秘密

Q1 遗传信息是如何传递下去的？

Q2 DNA是如何完成复制的？

Q3 DNA如何实现转录和翻译？

# 遗传信息是如何传递下去的？

Q1

## 遗传信息

细胞核之中有染色体，DNA 在染色体内，DNA 的结构是一个双螺旋，双螺旋的外侧就是脱氧核糖和磷酸组成的骨架，中间是四种碱基，它们按照 A-T 或者 C-G 配对。这个配对序列就是遗传信息。

## 细胞分裂

你是否还记得染色体在细胞分裂前会变形？是的，它们从一大团意大利面变成一根圆杆，压缩，再压缩，从 2 米多长的染色质变成以微米（1 毫米 = 1000 微米）计量的染色体。在它们呈“X”形的那一刻，意味着遗传信息已经做好准备，细胞分裂即将开始。

在分裂过程中，DNA 自身在做着一项至关重要的工作——复制，它决定了母细胞能够将遗传信息全部传给它的“孩子”——子细胞。

## 碱基互补配对原则

DNA 的双螺旋结构保证了 DNA 的完美复制。如果把 DNA 拉直，可以更好地看到它上面的碱基对，任意的一段 DNA 中，A 与 T 或 C 与 G 的比值是 1 ∶ 1，且梯子上必定是 A 与 T 相对、C 与 G 相对。只要知道 DNA 其中一边碱基的序列，就可以知道另一边，这就是碱基互补配对原则。

# DNA是如何完成复制的？

Q2

## 复制 DNA

我们知道碱基互补配对的规则，就可以做一个模拟组装和复制 DNA 的实验。

**碱基互补配对表**

| 腺嘌呤（A） | – | 胸腺嘧啶（T）* |
|---|---|---|
| 胞嘧啶（C） | – | 鸟嘌呤（G） |

*在 RNA 中为尿嘧啶（U）

## 组装 DNA

先来组装一个 DNA，它在一个细胞中，携带着重要的遗传信息。这些信息由你来写出。当你写下第一行字母后，按照表上的配对规则，写出第二行。

| A | A | C | G | T | C | G | A | T |
|---|---|---|---|---|---|---|---|---|
| T | T | G | C | A | G | C | T | A |

新细胞要诞生，首先要复制原细胞的 DNA。这时，DNA 螺旋状的两条链会像拉链一样被拉开，互相配对的碱基也就彼此分开。想象上面两行字母从中间的红线分开，你得到了两个模板，根据碱基互补配对原则，你又可以在每一个模板下面，写出对应的第二行字母。

实际上，在双链解开形成单链的同时，细胞内的 DNA 聚合酶按照同样的原则将一个个脱氧核糖核苷酸依次组装到每条单链上。当整条 DNA 单链都被组装完时，就会形成两条与进行复制前序列完全一致的 DNA。在新生成的 DNA 的两条链中，一条是新链，而另外一条是作为模板的旧链，这就是半保留复制。

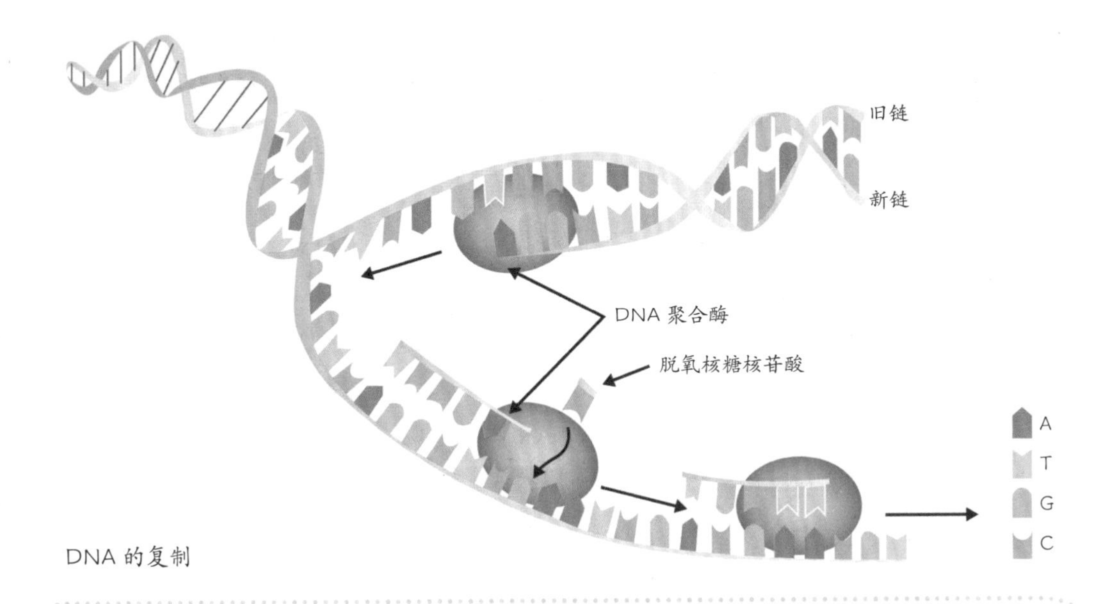

DNA 的复制

## 我们与父母的长相

DNA 的复制解释了为什么我们长得像父母，这是因为我们的 DNA 复制于父母的 DNA。

## 细胞接下来的工作

DNA 的复制完成之后，细胞内其他物质也要进行复制。其中最重要的就是蛋白质。作为 DNA 的载体，染色体上布满了蛋白质，包括维持 DNA 的缠绕状态的组蛋白，还有一些与细胞分裂直接相关的蛋白。它们构成了染色体上的一个特殊的点，这个点在细胞分裂的过程中称为着丝粒。

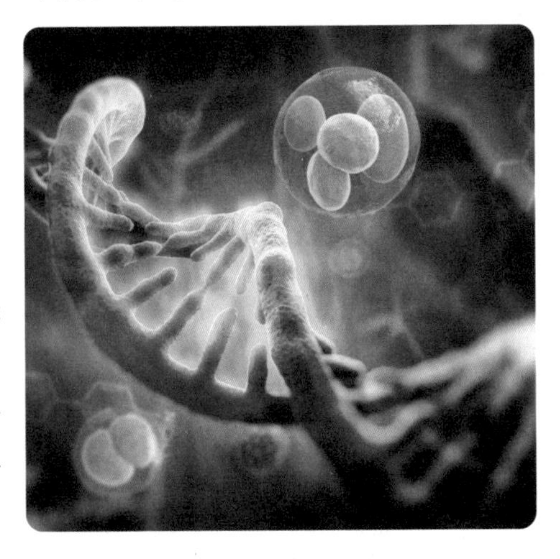

当细胞分裂的准备工作完成后，细胞内出现了一个个“X”，它们是复制后的染色体，两条一模一样的染色单体由一个着丝粒连着。这个着丝粒保证染色体在复制后是一个整体。

## DNA与蛋白质

DNA 携带着遗传信息，生物体的特征却是通过蛋白质表现出来的。

DNA和蛋白质就好像司令和士兵，一个发出命令，一个执行命令。然而，DNA 的文字是 A、T、G、C 四种碱基，而蛋白质的文字是氨基酸，就好像它们一个是说汉语，一个是说英语，语言沟通的障碍要求它们之间有一个翻译官，这个翻译官就是 RNA。

## 结构

RNA 和 DNA 的结构差不多，不同的是 RNA 是一条单链，不像 DNA 的典型双链。大部分 RNA 位于细胞质中，还有一部分 RNA 在细胞质和细胞核之间穿梭。它们根据 DNA 的指令，招揽各种氨基酸，合成蛋白质，被合成的蛋白质就准确地携带了 DNA 的遗传信息。根据不同的 DNA 指令，组建不同性质的蛋白质。氨基酸只有 20 多种，而根据 DNA 指令却可以合成十几万种蛋白质。人体中的每一个细胞都有蛋白质参与，蛋白质表达了生物的特性，宏观上看，就是生命有条不紊地延续。

## 转录

遗传信息从 DNA 传递到 RNA 的过程，叫作转录，转录发生在细胞核里。DNA 的两条链打开，在 RNA 聚合酶的作用下，以其中的一条链为模板，一个个核糖核苷酸（NTPs）依次按顺序拼装到这条模板上，形成一条互补的 RNA 链——信使 RNA（mRNA）。

当 mRNA 形成的时候，就意味着遗传信息已经成功地从 DNA 传递到了 mRNA。

## 翻译

接着，mRNA 穿过细胞核上的小孔（核孔）进入细胞质。在这里，mRNA 将遗传信息传递给蛋白质，完成蛋白质的合成，这个过程叫作“翻译”。

细胞质内有许多蛋白质的“装配车间”——核糖体，当核糖体结合到 mRNA 上时，翻译的过程就开始了。蛋白质的合成还需要另外一种 RNA——转移 RNA（tRNA），它们一端有三个碱基——这是用来跟 mRNA 配对的“暗号”，另外一端装载着一个氨基酸。一个个 tRNA 接连不断地进入核糖体，把一端的碱基与 mRNA 配对成功后，就卸下另一端的氨基酸，核糖体再进行装配。借助于一种叫作肽键的共价键，一个一个的氨基酸被连接到一起，形成了一条多肽。

## 加工修饰

多肽的合成只是细胞内合成蛋白质的第一步，要合成一个能正常工作的蛋白质，还需要一些翻译后的加工修饰。多肽链经过螺旋缠绕或者反向折叠形成了蛋白质的二级结构，分别叫作 α 螺旋和 β 折叠，它们是组成蛋白质的基本结构。不同的 α 螺旋和 β 折叠按照一定的结构和次序结合在一起就构成了蛋白质的三级结构，它们从外形上看可能是细长的，也可能呈球状。具有三级结构的蛋白质已经具备了一定的功能，它们还可以通过组合形成更为复杂的结构。

### RNA

RNA 由 A、U、G、C 四种碱基组成，与 DNA 不同的是，RNA 的碱基没有 T，却多了一个 U（尿嘧啶）。

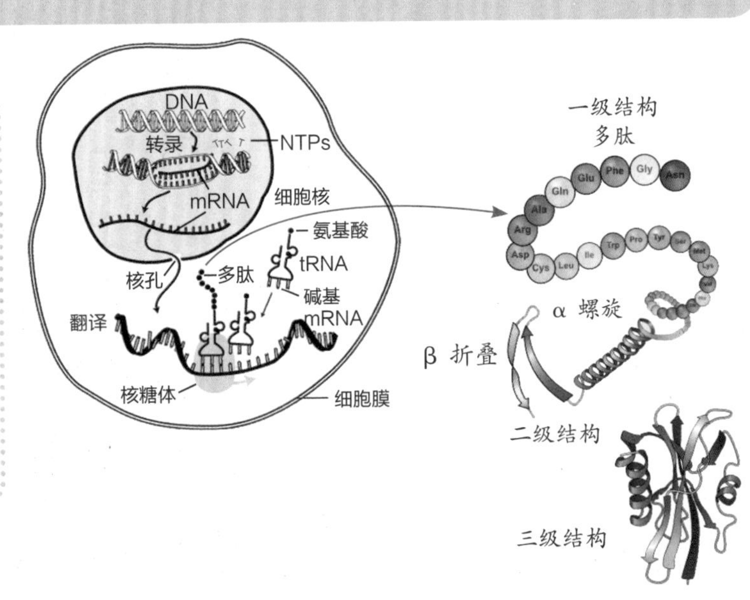

# 绘制人类基因图谱

Q1 DNA 和生物的关系是什么？

Q2 对基因排序的分析存在什么问题？

Q3 如何完成人类基因组计划？

Q4 对基因的研究进入了哪个阶段？

Q5 在伦理层面将会面临什么问题？

Q6 DNA 大事记

# DNA和生物的关系是什么？

Q1

詹姆斯·沃森，美国分子生物学家，20世纪分子生物学的牵头人之一。1962年，他与克里克、威尔金斯因为发现DNA的双螺旋结构而共同获得诺贝尔生理学或医学奖。1988年被委任为“人类基因组计划”的首任主管

“人类基因组计划”在于测定组成人类染色体中所包含的30亿个碱基对组成的核苷酸序列，以达到破译人类遗传信息的最终目的。这是人类探索自身奥秘所迈出的重要一步，是继“阿波罗登月计划”之后，人类科学史上的又一个伟大工程。

## DNA与生物

20世纪60年代后期，科学家开始逐渐发现DNA与生物之间的关系。他们已经认识到DNA掌握着合成蛋白质的信息，而正是蛋白质组成了生物。合成蛋白质所需的信息藏在被人们称为“基因”的DNA遗传单位中，一般来说，一个基因掌握用来合成一个蛋白质的信息，少有例外。而另一批不包含制造蛋白质指令的则被称作“非编码DNA”。

## 基因组

一个生物体内的所有DNA组成了基因组，它包含生物的全部遗传信息。确切来说，一套染色体中的完整的DNA序列就是一个生物体的基因组。

## 人类基因组与DNA指纹鉴定

人类基因组往往与DNA指纹鉴定的概念混淆。前者的基本概念是：人类只有一个基因组。而后者所依据的概念是：每一个人的DNA都是不同的，除非它们来自同卵双胞胎。

事实上，人类中任何人的DNA序列有99%是相同的，但剩下的些微差异已经足够作为DNA指纹鉴定的依据。其中被用于DNA指纹鉴定的依据是“DNA重复序列”，两个个体间重复序列排序完全相同的概率几乎为零，除非是同卵双胞胎。

## 数据背后的秘密

### 基因的重要性

分子生物学在 20 世纪 70 年代的逐步发展，使科学家越来越多地了解了基因，并且越来越清晰地意识到基因的重要性。即便只有一个基因出现了问题，也能够导致人生病甚至死亡。科学家推断，如果能够了解基因为什么会出问题以及基因中出现的问题是如何致人生病的，就可以弄清如何修复这些基因中出现的问题，从而治愈这些问题引发的疾病。

### 基因序列

到 20 世纪 80 年代，科学家已经意识到，如果能够弄清每个基因的基因序列，那么这项发现将带来无限的可能。他们推测可以利用这项发现治愈许多疾病，甚至可以改变人类基因，创造出对人更加有利的特性。基于此，那个时期的首席科学家开始着手制订解码整个人类基因图谱的计划。许多科学家在获悉这项计划后热血沸腾，但与其他任何一个大的科学项目一样，也有一些科学家对此持怀疑态度。

### 基因检测的作用

使用基因检测，可以预测包括乳腺癌、纤维性囊肿等多种疾病。可针对疾病发生的各个关键环节修补相应基因。

## 基因排序

在 20 世纪 80 年代，基因序列要靠人工排序，一名科学家一周只能为大约 1000 个 DNA 碱基对排序。人类基因组包含了 30 亿个 DNA 碱基对，这意味着如果依靠 20 世纪 80 年代早期技术的话，一名科学家要花上超过 5000 年的时间才能完成对整个人类基因组的排序。因此，当时许多科学家认为，为这么多 DNA 排序是个不可能完成的任务，只会白白浪费资源而已。

2011 年 2 月发行的《科学》杂志与《自然》杂志，分别刊登了由两个不同的工作组通过两种不同的方法所取得的人类基因组排序的报告

## “垃圾 DNA”

仅有 2% 的编码 DNA 对人类有用，余下 98% 的非编码 DNA 在那时被人们认作“垃圾 DNA”，一点都不重要。许多科学家认为把宝贵的时间和金钱花在为这些“垃圾 DNA”排序上，也是一种资源浪费。

## 数据处理

另一个困扰科学家的难题是：当时的科学家清楚地知道他们需要处理大量数据，但如果没有得力的电脑协助他们建立一个可用的数据库的话，他们该如何分析这么庞大的数据呢？即使是当时世界上最高精尖的超级电脑都还不如现在的一台普普通通的笔记本电脑好使。

# 跨国大工程

## “人类基因组计划”启动

虽然存在诸多困扰，但“人类基因组计划”还是于20世纪90年代正式启动，当时预计耗资30亿美元。该项计划预计在15年内绘制出一幅完整的人类基因组序列图。序列图描绘的是人类基因组中每一个DNA的基础排序。

## 国际人类基因组组织（HUGO）成立

为了协调各国人类基因组研究，1988年国际人类基因组组织（HUGO）成立。1990年，美国能源部和国家卫生研究院正式启动“人类基因组计划”，随后英国、日本、法国、德国、中国和印度先后加入。

## DNA来源

科学家使用来自两名男性和两名女性（从捐献者中随机选出）的血液中的白细胞，从中取得分离的DNA。有非正式的报道（在团体内部也盛行的说法）指出，用于人类基因组计划的大部分DNA来自住在纽约州的一名男性捐献者（编号为RP11）。

## “人类基因组计划”的两任主管

“人类基因组计划”一开始由为发现人类DNA做出巨大贡献、荣获1962年诺贝尔奖的詹姆斯·沃森担任主管，他表示：“我有幸让我的科学生涯从双螺旋跨越到30亿步的人类基因组。”这一职位于1993年改由弗朗西斯·科林斯担任。

## 计算机的利用

由于投入力量巨大，DNA 排序工作进展迅猛。一开始由科学家人工排序，一个月才能研究几千个 DNA 碱基对；后来利用计算机自动排序，几小时就能为好几万个 DNA 碱基对排序。

## 赛雷拉基因组

1998 年，一个名叫克雷格·文特尔的人找到了参与“人类基因组计划”的科学家，声称自己可以通过使用一种略微不同的方法更快更省钱地完成“人类基因组计划”。他还声称他的公司——赛雷拉基因组只需要原计划 1/10 的资金就能实现“人类基因组计划”想要实现的目标。为了证实自己所说非虚，他利用自己的方法为果蝇的基因组排了序。来自这家公司的挑战激励着参与由政府支持开展的“人类基因组计划”中的科学家，他们要更快地完成对人类基因组序列图的绘制工作，绝不允许自己输给一家私营公司。

于是，人类基因组序列图的草稿公布时间比预计时间提前了。2001 年 2 月，政府出资支持的“人类基因组计划”小组和赛雷拉公司各自发布了一幅人类基因组序列图。这两幅序列图上都有留白的部分（尚未完成对某些 DNA 碱基对的排序）。2002 年，双方又发布了后续序列图，此时，大部分基因组的排序工作已经完成。

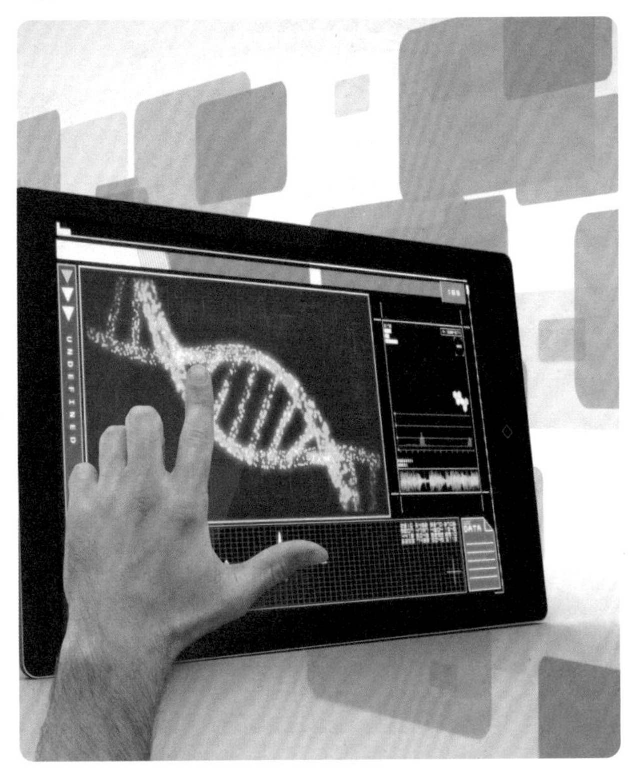

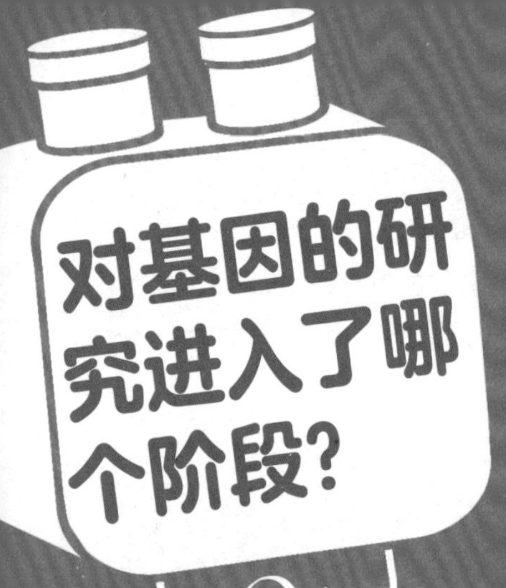


## 人类基因时代来临

一旦创造一个基因组的想法得以付诸实践，基因时代便来临了。人类已为每一种实验室中用的生物的基因组排过序。

### 遭遇挫折

如今，距人类基因组序列图被公之于众有 20 多年了。这一科研成果从某种程度上为医学界带来了诸多进步，然而，也导致了一些挫折。基因治疗的开展由于曾致人死亡或诱发其他并发症而屡屡受挫，且近些年越发逊色于干细胞研究。尽管如此，基因学一直以惊人的速度迅猛地发展着。

### 研究进展

人类基因组共有 2 万个基因，但其中只有一小部分能在所有时间和所有细胞中被表达。这就解释了为什么一个肌肉细胞和一个神经元虽然具有完全相同的基因组，但特性却大不相同。科学家通过研究在某种特定环境下（如正常状态与患病状态相比较）、在某个特定细胞中的所有基因，可以确定哪些基因对细胞维持健康状态至关重要，也可以确定哪些基因有可能会使人生病。

人类基因学下一阶段的任务是比较不同个体中不同的基因组。最开始，只有两个版本的人类基因组序列图被公之于众，即政府支持的“人类基因组计划”的版本以及赛雷拉公司的版本。事实上，每个人的基因组与其他人的基因组都存在着细微差别。正因为如此，每个人才不同。

## 基因组序列图

绘制出人类第一幅基因组序列图耗费了 30 亿美元和超过 10 年的时间，而绘制第二幅基因组序列图仅耗费了 3 亿美元和 3 年多一点儿的时间。2007 年，只要花上 35 万美元就能绘制出一幅基因组序列图，而这个价格到 2009 年时降到了 5 万美元。

利用一家名为 Illumina 的公司推出的一台机器，人们只需花 1000 美元便可以在三天内获得一幅基因组序列图。未来绘制基因组序列图所花费的金钱和时间将会继续减少。较低的时间和金钱成本使科学家能够更加便捷地研究个体基因之间的关系及其重要性，而在这一问题上取得的研究成果将会使医学界获得许多重要发现。

### 基因被“表达”

当一个基因正在指导合成蛋白质时，我们便称这个基因被“表达”。

## 人类基因组序列的应用

人类目前已经发现的单基因遗传疾病有 6000 多种。以此可以筛查存在危险的胚胎，确保没有遗传性疾病，然后把没有疾病的胚胎移植到母体里。一个人的基因档案可以帮助他制订更有效的训练、饮食计划，匹配合适的学习方法。

如果一个人需要换器官，可以采集他的基因组副本来制造与他匹配的组织和器官，如肾脏、肺和心脏。可将病原体的非致病部分基因导入人体内，使人体产生对该病原的抗体，即基因疫苗。

目前，医学已知人体有 400 多个用于研制新的药物的药物靶。了解了人类的全部基因和蛋白质将极大地扩充合适的药物靶。预计新的药物靶数量将在几千之上。

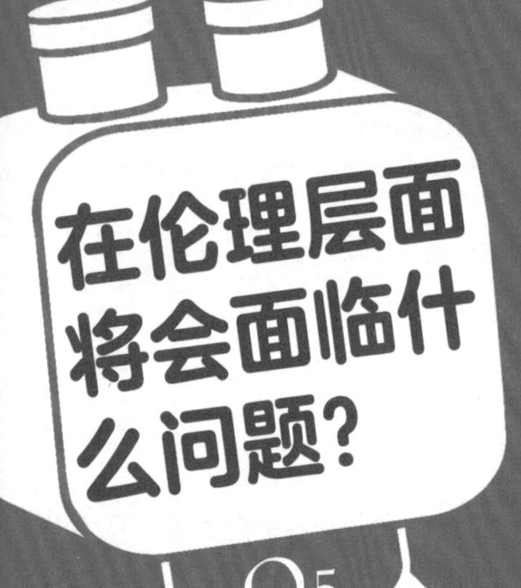


## 人类基因新认识

“人类基因组计划”得出的结论包含了一些有趣的信息。

在“人类基因组计划”开展之前，科学家认为一个基因包含了合成一种蛋白质的信息。由于预计人类体内含有10万种蛋白质，科学家在一开始便期待能够发现10万个基因。然而，科学家最终发现的基因数量远远少于10万个。

## 人体所含基因数量

通过利用人类基因组获得的相关数据，科学家在2001年时估算人体所含基因数量在25000个到30000个之间。而目前的研究结果又进一步将这个估算精确到大概20000个。

## 伦理层面的担忧

人们曾担心人类基因排序可能会引发一些伦理问题，比如歧视、侵犯他人的隐私等。例如，当一名雇主在得知某一职位的申请人的基因让他更易罹患某种疾病（如心脑血管疾病）后，或许就会转而雇用别人，而不会花时间和金钱去培养一位有可能英年早逝的雇员。同样，保险公司也可能会利用基因信息不让那些易患病的投保人投保某类保险或收取他们更多的保金。另一个伦理层面的担忧是：如果人类弄清了每个基因在人体中扮演的角色，也知道如何改变某个影响人类生存的基因，便可能会利用基因操控人类。或许这些人一开始会为自己辩解，声称自己操控基因是为了预防疾病，但不久之后有的家长或许会想改变自家孩子的基因，让孩子变得更聪明、跑得更快、身体更强壮等。科学家担心，这些情况的发生除了有悖伦理，还可能将人类带入一个新纪元——人类会被分为“转基因”精英阶层和低人一等的“非转基因”普通阶层。

## 生物信息学

基因时代的来临也促使了生物信息学的诞生和发展。过去，大多数科学家穷其一生仅能研究一个基因及其功用，但“人类基因组计划”突然间让数十亿个基因摆在人们眼前。许多科学家曾怀疑怎么可能研究如此海量的信息。如今，他们明白了，要做的仅仅是弄明白如何处理这些海量信息。他们需要学会将获得的全部信息有条理地录入数据库，还要学会调用已录入的数据。数据库的创建和管理这一学科应运而生，被人们称为“生物信息学”。这门学科综合了计算机科学与生物学，作为一名合格的生物信息学专家，不仅要熟知如何应用计算机程序，还要掌握生物学领域的知识。

基因学时代的来临促进了生物信息学的诞生和发展，科学家需要学会处理和提取这些海量信息

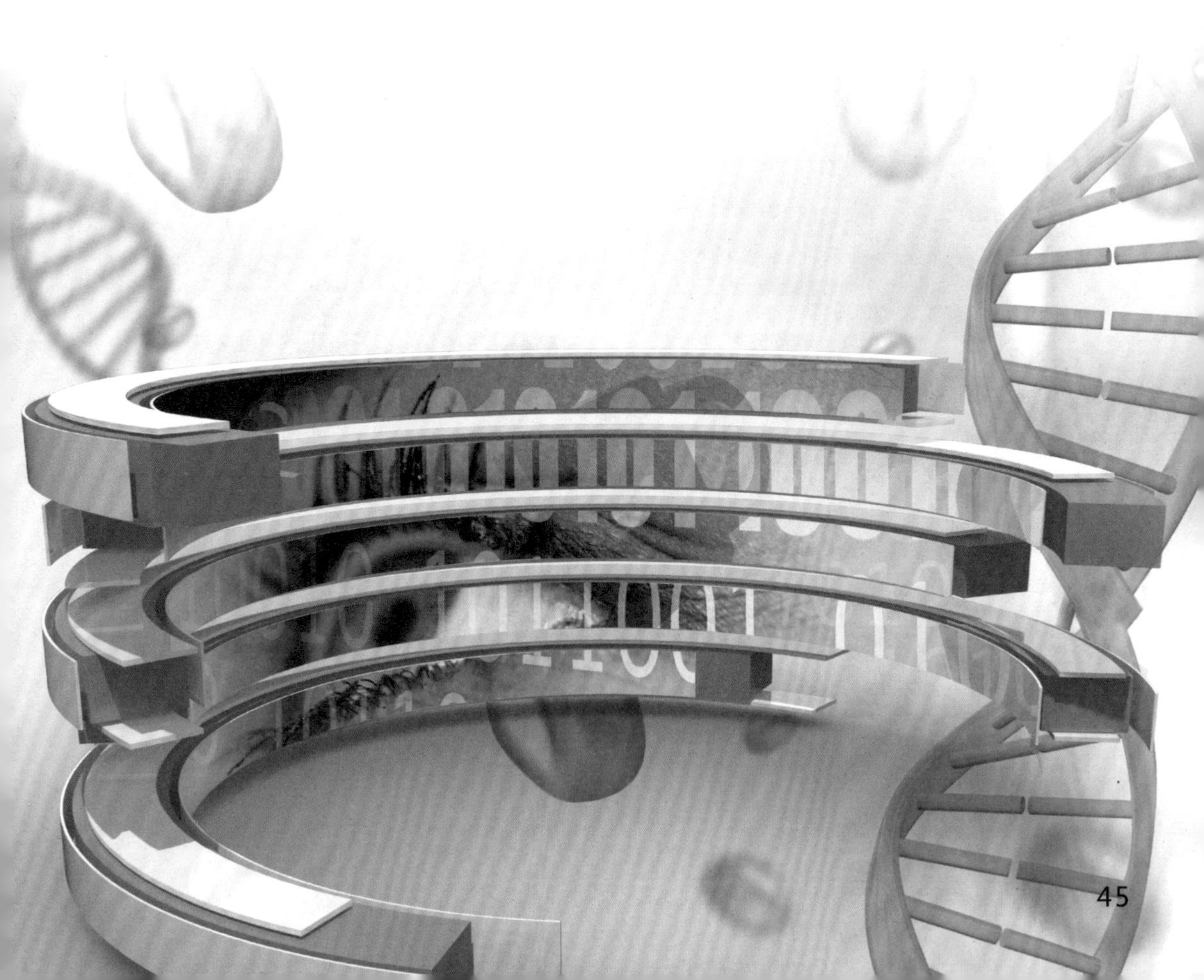

# DNA 大事记

Q6

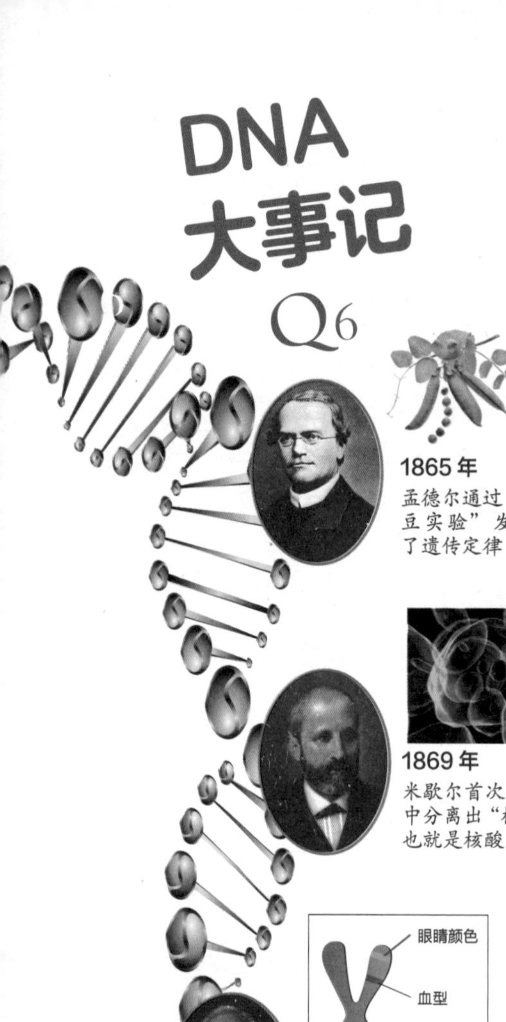

**1865 年**

孟德尔通过“豌豆实验”发现了遗传定律

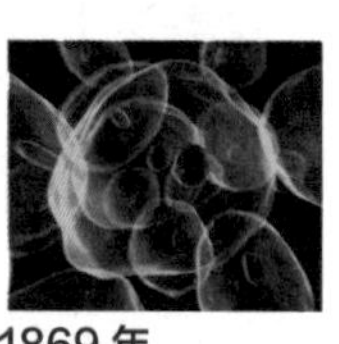

**1869 年**

米歇尔首次从细胞中分离出“核素”，也就是核酸

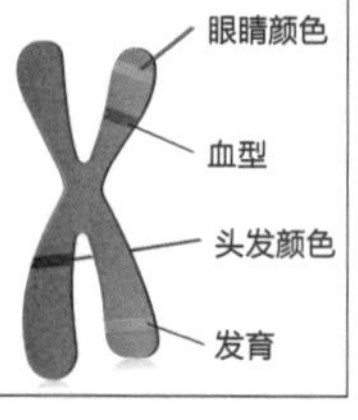


**1909 年**

威廉·约翰逊创造了“基因”一词，代替孟德尔所说的“遗传因子”

**1928 年**

格里菲斯的实验证明“转化因子”可以把 R 型菌转化成 S 型菌

**1944 年**

艾弗里证明 DNA 是“转化因子”

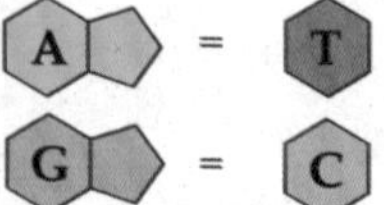


**1950 年**

查格夫发现在 DNA 的四种碱基中，A 与 T 等量，C 与 G 等量，从而发现了碱基配对规律

**1952 年**

阿弗雷德·赫希与马沙·蔡斯发现，病毒感染细菌时仅 DNA 进入细菌，从而证明了基因是由 DNA 构成的

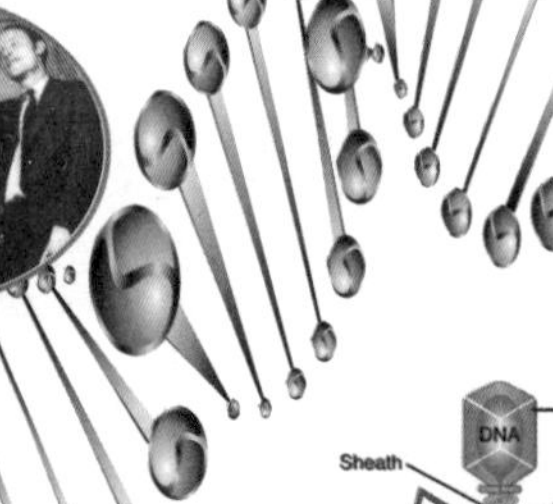

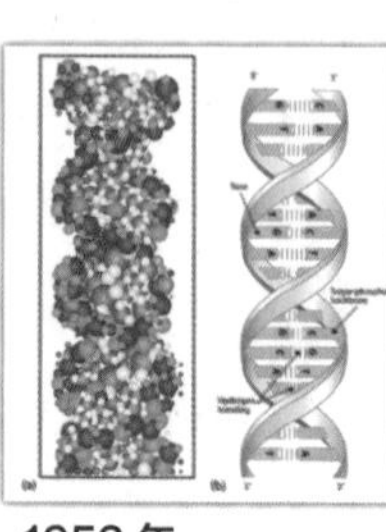

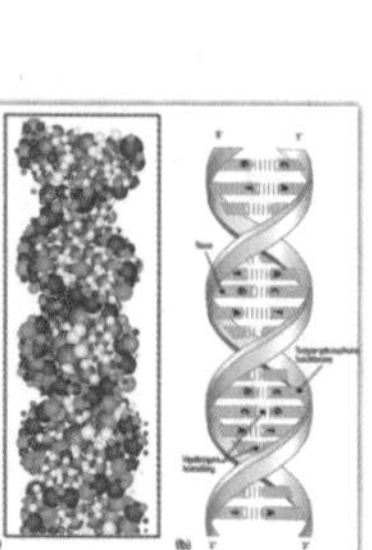

**1953 年**

沃森和克里克提出 DNA 的双螺旋结构

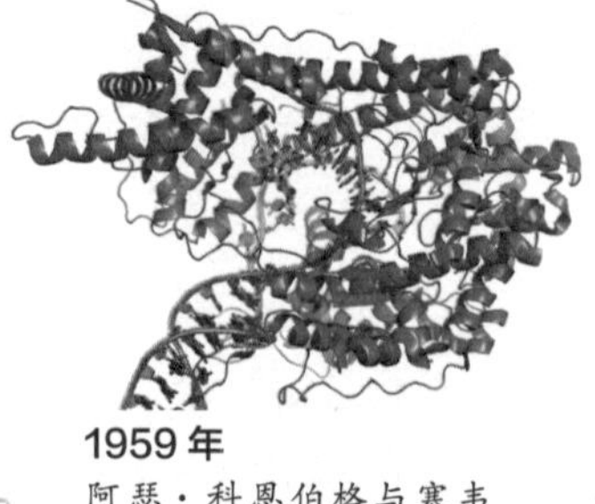

**1959 年**

阿瑟·科恩伯格与塞韦罗·奥乔亚发现了在 DNA 和 RNA 的生物合成过程中聚合酶的存在

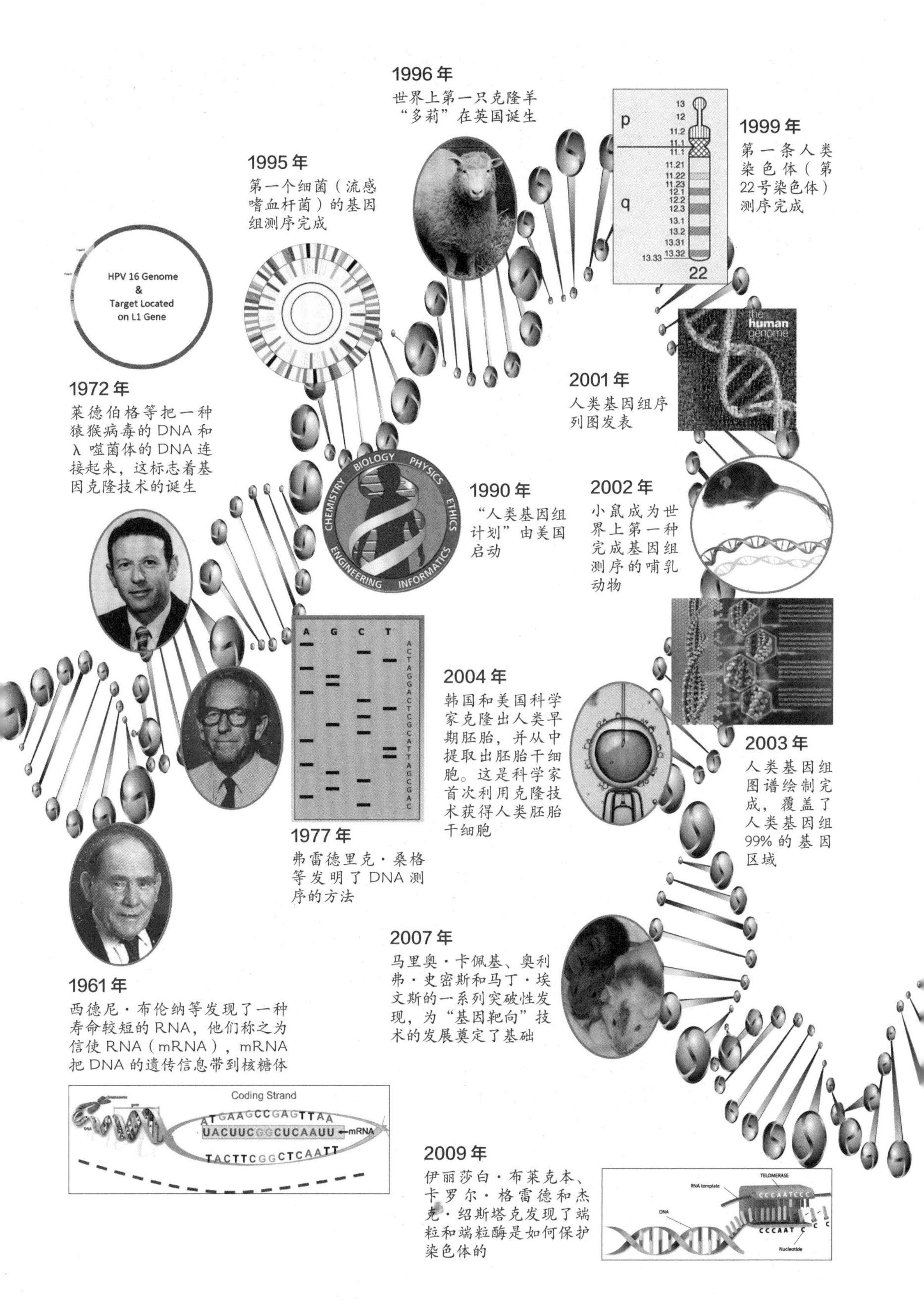
1961年
西德尼·布伦纳等发现了一种寿命较短的RNA，他们称之为信使RNA（mRNA），mRNA把DNA的遗传信息带到核糖体
Coding Strand
ATGAAGCCGAGTTAA
UACUUCGGCUCAAUU
mRNA
TACTTCGGCTCAATT
1972年
莱德伯格等把一种猿猴病毒的DNA和λ噬菌体的DNA连接起来，这标志着基因克隆技术的诞生
HPV 16 Genome
&
Target Located
on L1 Gene
1977年
弗雷德里克·桑格等发明了DNA测序的方法
A
G
C
T
1990年
“人类基因组计划”由美国启动
BIOLOGY
PHYSICS
ETHICS
INFORMATICS
ENGINEERING
CHEMISTRY
1995年
第一个细菌（流感嗜血杆菌）的基因组测序完成
1996年
世界上第一只克隆羊“多莉”在英国诞生
1999年
第一条人类染色体（第22号染色体）测序完成
p
q
22
2001年
人类基因组序列图发表
the
human
genome
2002年
小鼠成为世界上第一种完成基因组测序的哺乳动物
2003年
人类基因组图谱绘制完成，覆盖了人类基因组99%的基因区域
2004年
韩国和美国科学家克隆出人类早期胚胎，并从中提取出胚胎干细胞。这是科学家首次利用克隆技术获得人类胚胎干细胞
2007年
马里奥·卡佩基、奥利弗·史密斯和马丁·埃文斯的一系列突破性发现，为“基因靶向”技术的发展奠定了基础
2009年
伊丽莎白·布莱克本、卡罗尔·格雷德和杰克·绍斯塔克发现了端粒和端粒酶是如何保护染色体的
TELOMERASE
RNA template
DNA
CCCAATCCC
CCCAAT
Nucleotide

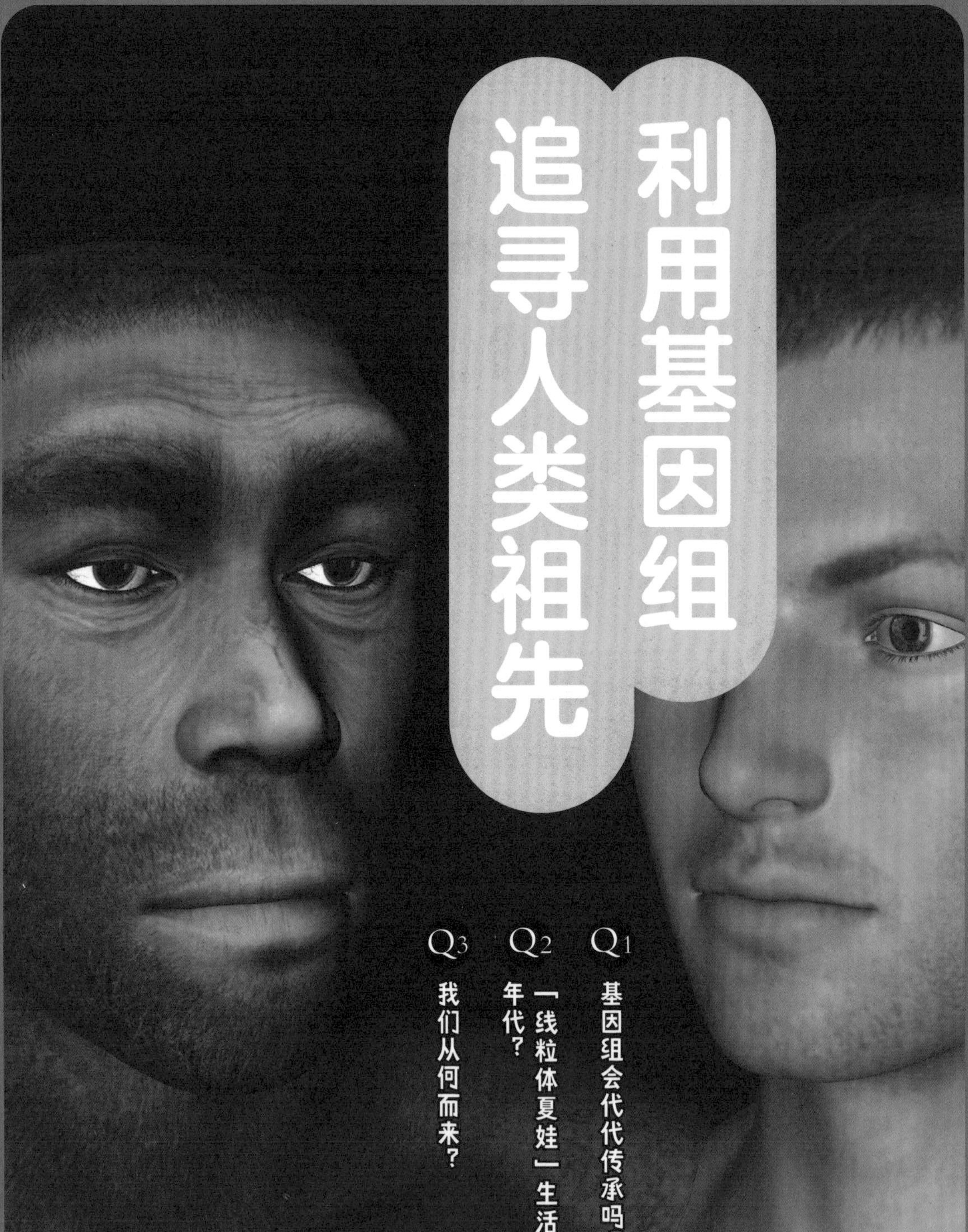

# 利用基因组追寻人类祖先

Q1 基因组会代代传承吗？

Q2 “线粒体夏娃”生活在什么年代？

Q3 我们从何而来？

# 基因组会代代传承吗？

Q1

我们可以往前，追溯更远古的祖先，他是我们 60 亿地球人的祖先。

很多科学家认为，现在的地球人，也就是我们所说的现代智人，都来自同一个祖先。追认这么远古的祖先，不能靠史料或是一般的遗迹。

我们现在有了更精确有效的科学方法，那就是基因分析法。

## 寻找祖祖祖外婆

现在地球上的每一个人都有一个生物学母亲和一个生物学父亲，如果从我出发，把我的父母、祖父母、祖祖父母……所有的父系和母系都考虑在一起，会使问题变得很复杂。而如果单独考虑母系，或者是单独考虑父系，情况就可以大大简化。比如单考虑母系，因为我只能有一个母亲，也只能有一个外祖母，依此往上类推，一路都是单线，条理就很清楚。

## 达尔文进化论的精髓

达尔文进化论的精髓是自然选择和共同祖先。共同祖先强调的是地球上的全部生物都是从一个单独的起源演变而来的。人类是有共同祖先的，而且我们的共同祖先一定采用精子和卵子结合的两性生殖。

## 繁衍传承的依据

有没有什么跟母系相关的基因组可以提供繁衍传承的依据呢？

有的，我们每个人除细胞核里的基因组外，还有第二个基因组。这个基因组不在细胞核里，而是在细胞质内的线粒体里。

线粒体基因组是一个环状的 DNA 分子，由 16569 个碱基对组成。线粒体基因只能由卵细胞传递给后代，而不能通过精子传递。这就是说，你的线粒体 DNA 是从母亲那儿继承的。同样地，你母亲从你的外祖母那儿继承线粒体 DNA，你外祖母的线粒体 DNA 则是从你的外曾祖母那儿继承的……

南非塞德堡岩画的历史可以追溯到 10000 年以前。图为塞德堡岩画中的女人形象

# “线粒体夏娃”生活在什么年代？

## 远古外祖母

如果我们追踪的世系足够远，就能找到所有现代人在远古时期共同的母系祖先，所有母亲的母亲，也就是“线粒体夏娃”。她是我们现代地球人共同的远古外祖母。在夏娃生存的智人年代，她并不是唯一的女性。其他女性也有孩子，只是她们没有把自己的线粒体 DNA 传递给后代。因为她们或她们的女性后代只有儿子，没有女儿。

为了理解这个说法，我们不妨假设一个女人有两个女儿：夏娃和格蕾丝。两个女儿都继承了母亲的线粒体 DNA。夏娃和格蕾丝长大后各生了一个孩子：夏娃生了一个女孩，格蕾丝生了一个男孩。只有夏娃的女儿能够将她的线粒体基因组传递给下一代。格蕾丝的儿子不能向后代传递他的线粒体基因组，但是可以传递他的核基因组。需要指出的是，和“线粒体夏娃”生活在同一时代的其他人都对现代人的核基因库有所贡献。

我们还可以举另一个更极端的例子：假设一位育龄女性正在一处极深的地洞里，这时地面上遭受了外星的强烈辐射，地面的每一位女性的遗传物质都遭到了不可逆的损伤，使得她们和她们的女儿的流产率都比原来大大增加。只有这位地洞里的女性和她的后代幸免于难。她回到地面上之后，生育力比其他人有显著的优势，后代也越来越多，终于在 10 万年之后，她的后代占领了全球，她就是我们的“线粒体夏娃”。

## 线粒体 DNA 序列

分子人类学家已经排列出了来自世界各地的人的线粒体 DNA 序列。他们发现，特定的基因突变在特定的地理区域中很普遍。通过追踪这些突变在地域间的传播，科学家就能追踪到人类的迁徙路线。随着人口在全球的流动，迁徙路线就像树的枝干一样不断地分叉。目前支持“线粒体夏娃”生活在非洲的科学家较多。

## 基因突变

线粒体基因组上某些位置的突变速率差不多是个恒定值。我们可以把这些突变时间看作一个分子时钟，用来估计两个人群分开时的年代。至于这个时钟走多快，科学界争议很大。总的来说它走得并不快：每 6000 年才会发生一次基因突变！根据分子时钟估算，科学家认为“线粒体夏娃”生活在 15 万 ~25 万年以前。

## 生活年代

不过，更新的研究和更广泛的基因采样使“线粒体夏娃”生活的年代大大往后推移。据美国斯坦福大学研究小组的分析，“线粒体夏娃”起源于 9.9 万 ~ 14.8 万年前。

## 基因突变会遗传

每次细胞分裂都伴随着基因复制。大多数时候复制品和它的原型是一模一样的，但是有时候复制过程中会出现错误，这种现象被称为“基因突变”。突变发生的概率很小，但是一旦发生，就会代代相传并逐渐积累。

# 我们从何而来？

Q3

## "Y染色体亚当"

只有男性才有Y染色体。就像能通过线粒体DNA追踪到我们的母系祖先，父系祖先也可以通过Y染色体追踪到。

## 研究结果

最早发现人类最近的共同父亲线索的是美国耶鲁大学的道里特等三位研究人员。他们发表在1995年5月26日的美国《科学》杂志上的文章描述了一个惊人的事实：

通过对世界各地不同种族的38名男性的Y染色体的基因进行分析，他们发现，在这些男性的Y染色体的ZFY基因区，38人的DNA序列竟然完全相同。然而，这38名男性根本没有任何亲戚关系，难道这些男人是过去某个帝王巡游或征战世界时在各地留下的后裔？通过对ZFY和SRY等基因的研究及推论，他们得出人类最近的共同父亲——"Y染色体亚当"——是大约27万年前生活在非洲的一位男性。

就像"线粒体夏娃"的年代，"Y染色体亚当"出现的年代，近年来不同的研究小组都根据各自的研究方法和研究样本得出了不同的结论，近的大约是10万年前，远的是20万年前，尚未在学界形成定论。

## 核基因组

人体的细胞核内有两个染色体组：一组来自母亲，一组来自父亲。每个染色体组中有23个染色体。这两组染色体共同组成了核基因组（存在于细胞核内）。

## 年轻的原因

至于"Y染色体亚当"比"线粒体夏娃"年轻的原因，科学家认为，在现代人类的早期，能够繁衍后代的男性比女性少。许多男性没有机会将他们的Y染色体传递给子孙后代。在"线粒体夏娃"之后有很多Y系，但是这些独一无二的Y系陆续灭绝。当"线粒体夏娃"已经分化出很多分支时，只有一个Y系保留了下来，并传递给了所有后代的男性。

# 走出非洲

## 起源分析

人类学中最大的一个未解之谜是：现代人类是由一小部分来自非洲的人族进化而来的（“非洲起源说”），还是由居住在欧亚大陆上的不同的早期人族——包括尼安德特人——在同一时期各自进化而来的（“多地起源说”）？

为了弄清这个问题，分子人类学家检测了3.8万年前的尼安德特人骨骼上的线粒体DNA序列。通过与现代人类的线粒体DNA对比，他们估计，尼安德特人和现代人类大约在66万年前分开，这比“线粒体夏娃”生活的时代要久远得多。这个结果支持了“非洲起源说”。

## 早期智人

现代人类仅从东非这个地点起源的论断，是现在科学界比较主流的观点。科学家根据基因与化石证据，推测早期智人只存在于距今20万年到15万年前的非洲。有一支智人在大约距今1.25万年到6万年间离开非洲，经过一段时间，替代了先前存在于非洲以外地区的早期人类群体，例如尼安德特人与直立人。

## 共同的基因史

分子人类学家用DNA回答了“我们是谁”这个最基本的问题。答案很清楚：我们拥有共同的外祖母和老祖父，还有共同的基因史。简而言之，我们来自同一个家庭。无论何时，当看到有人需要帮助时，我们都应该记得：我们是一家人。

# 指纹与遗传的关系

Q1 如何验证指纹的家族遗传性？

Q2 指纹的细节也具有遗传性吗？

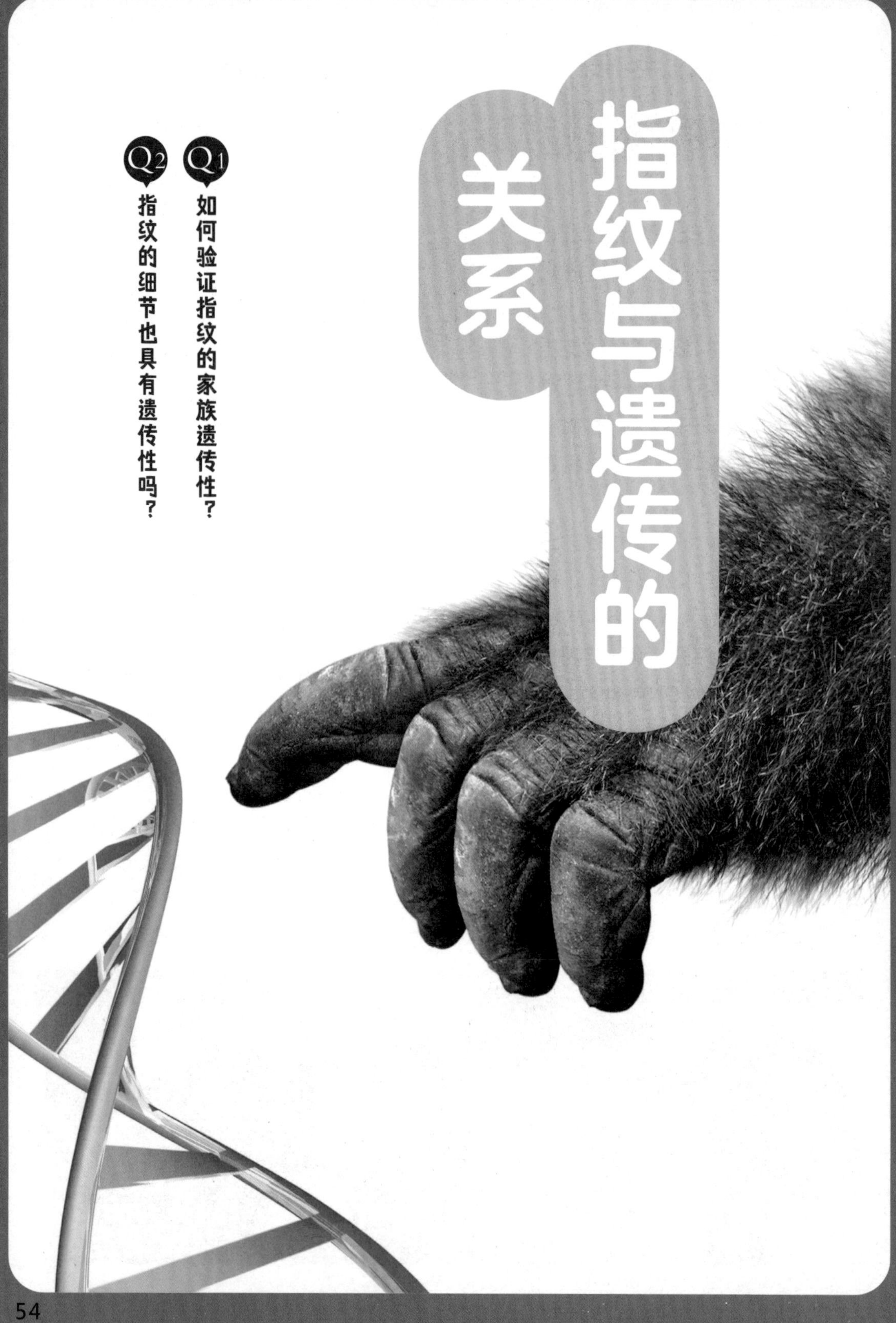

# 如何验证指纹的家族遗传性？

看看自己的手指，手指肚上一圈圈细密的纹路就是指纹，每个人的指纹都是独一无二的。不同人的指纹在分布、线的条数以及弯曲的角度上都存在着细微的差别，因此指纹可以作为身份识别的依据。指纹的形态是不是家族遗传的呢？让我们来做一个小实验。

## 需要以下材料

★选择至少 10 个家庭
★黑色印泥
★白色打印纸
★湿巾
★放大镜
★笔

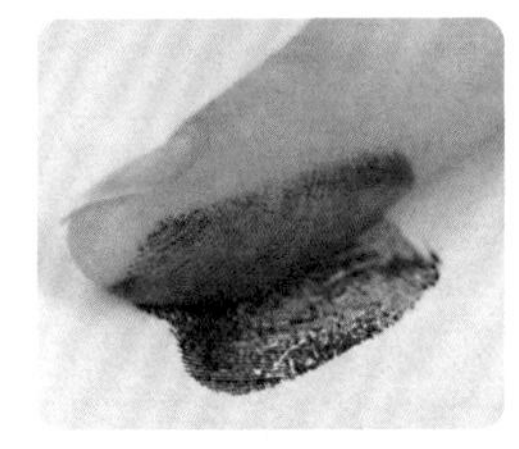

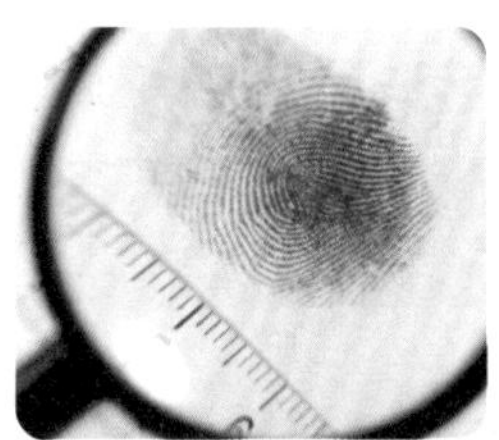

## 指纹的类别

指纹尽管千差万别，却无一例外地被归为三类：斗形纹、箕形纹和弧形纹。

## 实验过程

1. 选择其中一个家庭，开始实验。

2. 用湿巾擦拭一个成员的右手食指，去掉表面的油渍。

3. 将擦拭过的右手食指按在印泥上，转动手指以保证整个手指肚都沾满印泥。

4. 把沾满印泥的手指按在一张白纸上，轻轻转动手指以保证整个手指肚都印在白纸上。指纹采集成功。

5. 用湿巾拭净采集完指纹的手指。

6. 在印有指纹的白纸上标记好这个成员的名字。

7. 按照上述步骤采集这个家庭其他成员的指纹。

8. 用放大镜观察并比较采集到的指纹，看看它们分别属于哪一种形态（斗形纹、箕形纹和弧形纹），是否属于同一种基本形态。

9. 重复上面的步骤，采集并观察其他家庭全部成员的指纹。

## 指纹的遗传性

### 指纹的形态

指纹的形态类型通常来自遗传，但是有些指纹图案的细节却有专属性。人类、类人猿和猴子的手脚表面都有所谓的摩擦脊皮肤，摩擦脊皮肤含有许多凹凸的纹路，可以增加摩擦。指纹指的是手指肚上的摩擦脊皮肤，它是独一无二的，即使是同卵双胞胎的摩擦脊皮肤形态也不相同。摩擦脊皮肤也是永恒的，一个人的指纹终身都不会发生变化，除非严重的损伤在皮肤上留下了疤痕。

## 指纹的细节

每个人的十根手指都有可能含有一种、两种甚至三种指纹形态类型。指纹的纹路细节特征如纹路凸起的断裂和分叉是每个人专属的特征，可以作为身份识别的依据。通过研究摩擦脊皮肤的形态，科学家发现指纹的一些特征如纹路凸起的大小、基本形状以及相邻纹路之间的间隔可能来自遗传。但是造成不同人之间的指纹千差万别的纹路细节却并不是遗传而来的。这与胎儿时期的发育有关：在胎儿的发育过程中，手指、手掌和脚上长出平滑的掌垫，约 15 周时，掌垫上开始出现凸起的脊。早期的脊的间距和排列是随机的，因此指纹图案的细节并不来自遗传。例如，同卵双胞胎有着一模一样的 DNA，他们的遗传发育也大致相同。他们通常有着类似的指纹大小和形态类型，但是指纹的细节特征却是不同的。这表明，虽然与其他没有血缘关系的人相比，你与你的家人可能有着相似的指纹类型，但是你的指纹细节却是独一无二的。

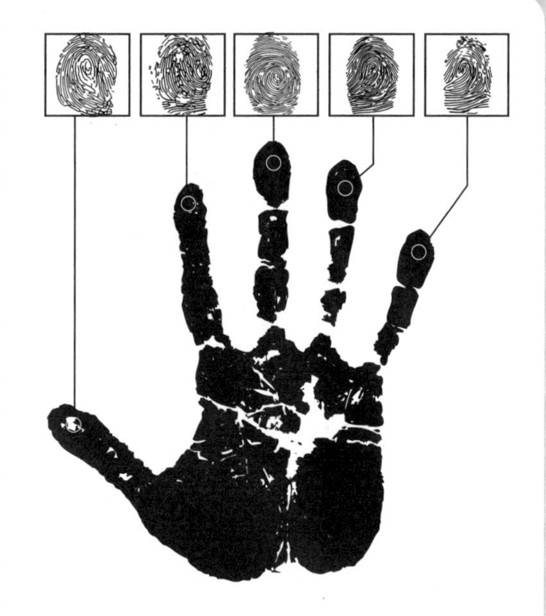

斗形纹

箕形纹

弧形纹

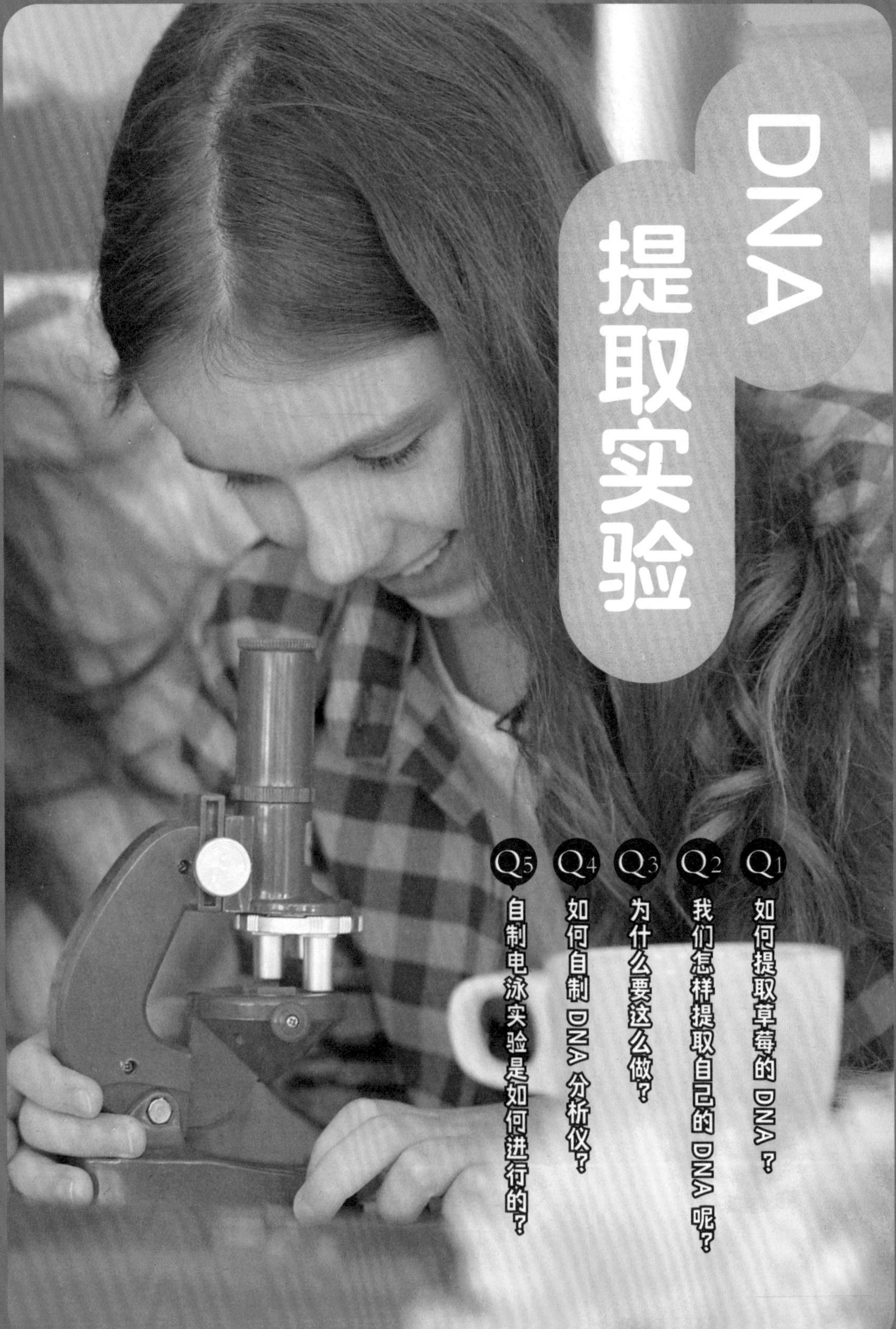

# DNA提取实验

Q1 如何提取草莓的 DNA？

Q2 我们怎样提取自己的 DNA 呢？

Q3 为什么要这么做？

Q4 如何自制 DNA 分析仪？

Q5 自制电泳实验是如何进行的？

# 如何提取草莓的DNA？

Q1

## 实验一：提取草莓 DNA

生物学家经常提取生物的 DNA 供研究用。他们是怎么做的呢？其实，只用日常的工具，我们也可以提取某些水果的 DNA，例如草莓。你要不要试试看呢？

### 需要以下材料

| | | | |
|---|---|---|---|
| 量杯 | 水 | 纱布 | 竹签 |
| 量勺 | 医用酒精 | 漏斗 | 几个草莓 |
| 盐 | 餐具洗洁精 | 几个玻璃杯 | 自封塑料袋 |

### 实验过程

1. 用量杯量取半杯医用酒精，倒入一个玻璃杯中，放进冰箱冷冻室里冷却。

2. 取半勺盐、一勺餐具洗洁精，溶于 1/3 量杯的水中，作为提取 DNA 的药剂。

3. 把草莓装入塑料袋中，把空气挤出去，封严塑料袋的开口。

4. 用手指碾压草莓，把它们完全碾碎。

5. 取 3 勺第 2 步中制作的药剂倒入塑料袋中，把空气挤出去，重新封住塑料袋的袋口。

6. 继续碾压草莓和药剂的混合物。

7. 把纱布蒙在漏斗上，将塑料袋中的草莓混合物倒入漏斗，用玻璃杯接住滤出来的草莓混合液。

8. 拿出冷却的酒精，小心地把酒精沿着杯壁缓缓倒入装有草莓混合液的玻璃杯中，务必让酒精浮在草莓混合液上方，不要让两者混合起来。静置 5 分钟。

9. 这时你会发现，在酒精与草莓混合液交界处渐渐出现了白色的絮状物质，你可以小心地用竹签把它们挑起来，这就是聚成一团的草莓 DNA 了。

把草莓彻底碾碎

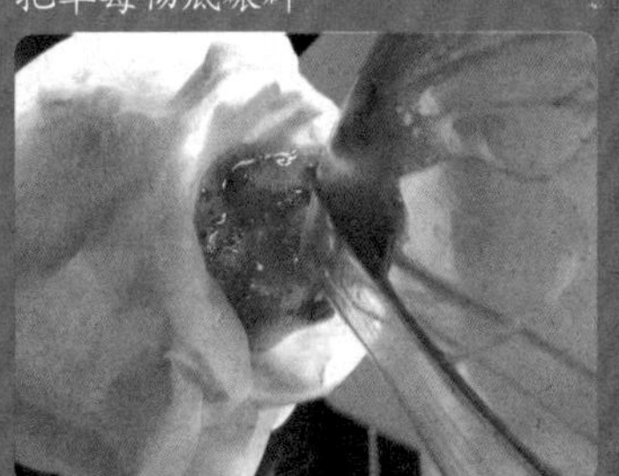

用漏斗把含有 DNA 的液体过滤出来

白色的絮状物就是草莓的 DNA

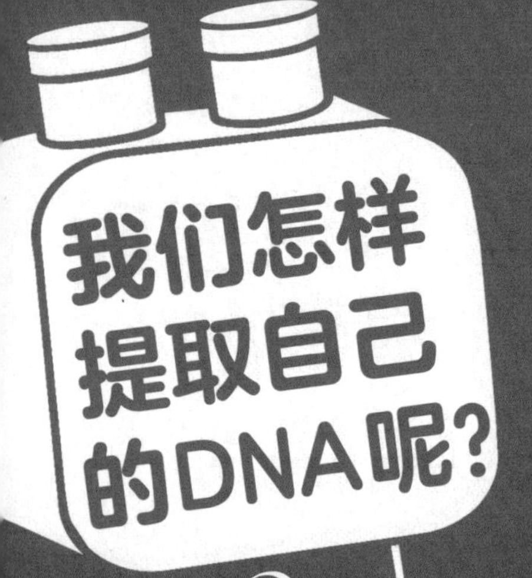


## 实验二：提取自己的 DNA

你知道吗，你不仅可以利用厨房里的简单材料提取蔬菜、水果的 DNA，还可以提取自己的 DNA！当然，你不可能真的看到 DNA 的碱基，甚至连看到一条 DNA 链也是不可能的。那么，就让我们看看你能做些什么。

### 需要以下材料

★一次性纸杯

★一瓶无色的运动饮料（也可以用盐水）

★餐具洗洁精（选一个你能找到的颜色最浅的）

★几滴菠萝汁

★一支竹签

★酒精（可以用普通的外用酒精，药房里 91% 的异丙醇也可以，异丙醇的浓度越接近 100%，实验的效果越好）

★一个带盖的细瓶（可以用带塞子的试管，也可以是盛调料的小罐，需要洗干净、晾干）

### 优美的双螺旋结构

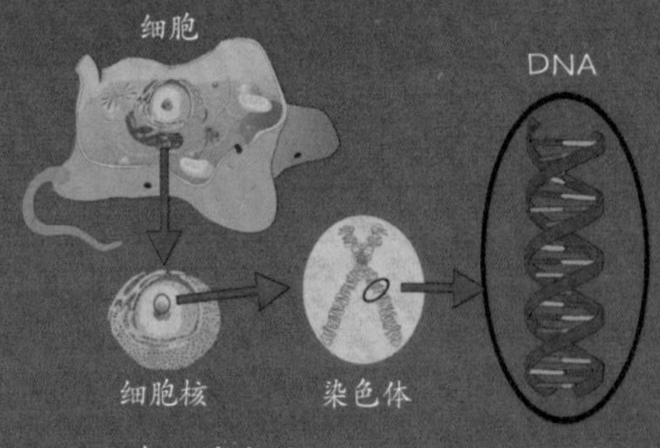


DNA 在细胞内的位置以及双螺旋结构

提到 DNA，我们首先想到的是在宣传图册以及生物课本上见到的优美的双螺旋结构。其实，这个完美的结构只是科学家根据 DNA 的特征建立出的一种模型，它可以帮助我们理解DNA是怎样工作的。实际上，就算用最高级的显微镜，我们也看不见 DNA 的结构。

## 实验步骤

在实验前 24 小时，把酒精放进冰箱冷冻室。

准备好了吗？先含一大口运动饮料或盐水，用力地漱口至少 2 分钟。这需要一些耐力，要坚持那么长时间的确不太容易！可以用牙齿轻轻咬住口腔侧壁，来回刮一下，这样效果会更好。可不要太用力弄出血，因为我们要提取的是你的口腔内壁细胞内的 DNA，可不是血细胞内的 DNA！

把漱口后的运动饮料或盐水吐进一个小的纸杯中，再把它倒进准备好的细瓶中，约占总体积的 1/3。

倒一些餐具洗洁精进细瓶，使溶液占到容器总体积的一半。盖上盖子，轻柔地摇晃、颠倒几次使溶液混合均匀。注意：你的目的是混合溶液，请不要弄出气泡。

加入几滴菠萝汁，轻柔混匀。

取出冰箱中的酒精。打开细瓶的盖子，倾斜握住细瓶，轻轻地往里倒进少量的酒精。竖直细瓶后，放置 1 分钟。

仔细观察酒精漂浮的位置，你会看到有一圈白色黏稠的物质悬浮在液体分层处。轻轻地把竹签插入容器，当接触到这些白色黏稠物质时，沿着一个方向轻轻地旋转竹签。如果你足够幸运，这些物质会缠绕在竹签上，你可以把竹签从溶液中取出来更加近距离地观察。

瞧，这些白色的东西就是你的 DNA！

### 1. 为什么要长时间漱口

一是因为你需要收集足够的细胞，当你用运动饮料或盐水漱口再吐回杯子里的时候，你的口腔内壁细胞已经悬浮在溶液中了，漱口的时候越用力，时间越长，收集的细胞就越多。二是运动饮料或盐水中的盐可以破坏细胞膜和细胞核周围的核膜，从而释放出细胞核里的 DNA。

### 2. 为什么用餐具洗洁精

餐具洗洁精里含有去污剂，去污剂分子链有两端，一端是亲脂的，连接脂肪分子；另一端是亲水的，可以直接溶入水中。洗盘子的时候，餐具洗洁精的亲脂端可以连接食物残留的油脂，另一端可以进入水，餐盘上的油脂就可以被餐具洗洁精带入水中了。细胞膜由两层膜构成，这两层膜主要由磷脂分子构成，餐具洗洁精的亲脂端插入细胞膜使其破裂，并随着亲水端把破裂的细胞膜带入水中。同时，餐具洗洁精也把蛋白质与DNA分离开。

### 3. 为什么要用菠萝汁

菠萝汁含有许多酶，它们可以帮助破坏细胞膜。

### 4. 为什么要用冰酒精

DNA 可以溶于运动饮料或盐水中的水，但是却不能溶于酒精。当冰酒精赶走了 DNA 分子周围的水，DNA 就会析出。

### 5. 为什么要旋转竹签

还记得著名的 DNA 模型吗？ DNA 分子是双螺旋的长链结构，因此当成千上万的长链结构聚集在一起的时候，DNA 才能够被看到。轻轻地旋转竹签可以让众多的长链结构像线轴上的线一样缠绕在竹签上。

# DNA 是怎么跑出来的

## 打破屏障

对于草莓（植物）和动物、真菌这些真核生物来说，DNA 保存在细胞核的染色体内。细胞核外有一层磷脂组成的核膜，而整个细胞也有双层磷脂组成的细胞膜。因此，要把 DNA 提取出来，首先要打破这些磷脂构成的屏障。在我们的实验中，餐具洗洁精起的就是这样的作用。餐具洗洁精可以帮助油污溶进水中，同时也能促使磷脂溶解。在餐具洗洁精的作用下，再加上我们反复地挤压碾磨，草莓细胞的细胞膜和核膜破裂，释放出被包裹在里面的 DNA。在这里，盐（氯化钠）的作用是让一些细胞碎片沉淀下来，让 DNA 更好地溶解。这些沉淀物在用漏斗过滤的时候就被分离出来了。DNA 可以溶于水，但不溶于酒精，因此在酒精和草莓混合液体接触的地方，进入酒精里的 DNA 凝结成了絮状固体。

提取 DNA 的小实验之所以选择草莓，是因为草莓是一种八倍体生物。有更多的染色体，使得草莓细胞中的 DNA 含量非常高，很适合用来做这种实验。

## 八倍体

要理解“八倍体”这个概念，可以先看一下人类的染色体。人类的染色体是成对出现的，每条染色体都有一条功能相同的染色体与之配对，因此人类是二倍体生物。而草莓的每条染色体都有七个功能相同的“伙伴”，八条一组，所以草莓是八倍体生物。

## 实验三：自制 DNA 分析仪

你如果去一个生物实验室参观，很有可能听到在实验室工作的科学家说出“跑个胶”之类让人难以理解的“黑话”。这个所谓的“跑胶”其实是一种叫作“胶体电泳”的实验技术。这种技术非常有用，生物学家经常用它来分析 DNA 或蛋白质等物质。“跑胶”的原理也非常简单，简单到什么程度呢？你自己收集一些材料，就能制造出简单的胶体电泳装置。要不要来试试看？

### 需要以下材料

★矩形的塑料盆（长 12 厘米，宽 8 厘米）

★不锈钢丝，直径 0.5~1 毫米

★剪线钳

★两根带鳄鱼夹的导线

★ 5 节 9 伏的电池，必须是电量充足的新电池。这个实验耗电量很大，如果你想进行多次实验，就要再准备几组电池

★一块泡沫塑料板

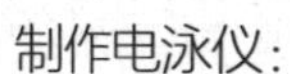

### 实验步骤

制作电泳仪：

1. 用钳子剪下两段不锈钢丝，两段钢丝的长度要略大于塑料盆的宽度。

2. 把不锈钢丝的一端扭成钩子的形状，把钩子挂在塑料盆两端的盆沿上，让两根钢丝横躺在塑料盆两端的盆底（如 P65 上图所示）。塑料盆就是你的电泳槽，不锈钢丝就是你的电泳仪的两个电极。

3. 把 5 节 9 伏电池串联在一起组成一个电池组，一个电池的正极要连着另一个电池的负极。

4. 当准备进行电泳实验的时候，你用带鳄鱼夹的导线把电池组的正负极和

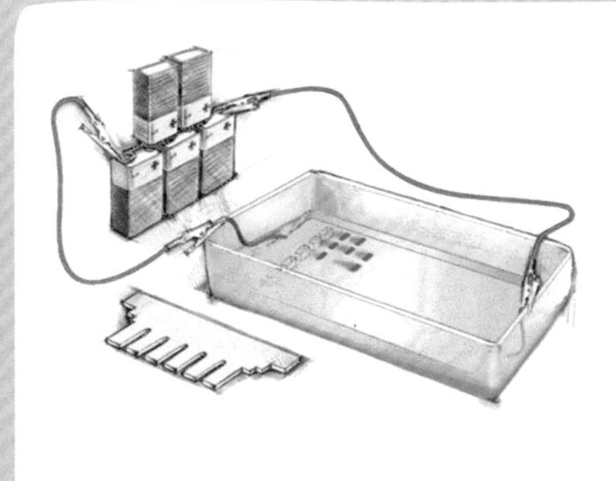

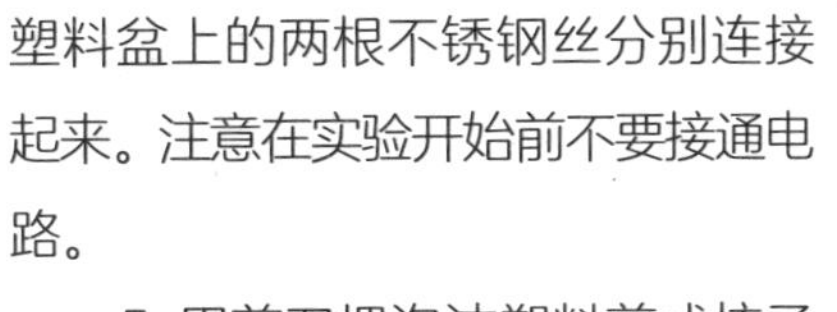

塑料盆上的两根不锈钢丝分别连接起来。注意在实验开始前不要接通电路。

5. 用剪刀把泡沫塑料剪成梳子的形状。因为这个“电泳梳”要垂直放到塑料盆中，并且架在盆沿上（如左下图所示），所以它要比塑料盆稍微宽一些。梳齿的间隔大小要均匀。另外，当把“电泳梳”架在盆沿上时，“电泳梳”的下端不能接触到盆底，要留有约 5 毫米的空间。

电泳仪基本制造完成，可以用它来“跑一下”食用色素了。

## 电泳实验需要材料

★厨房秤或量勺

★量杯或者量筒，或是其他能够测量液体体积的容器

★可用于微波炉的碗

★小苏打（碳酸氢钠）

★瓶装纯净水（必须用纯净水，不能用矿泉水或自来水）

★琼脂糖（可以在网上买到，注意不是琼脂，琼脂是琼脂糖和琼脂胶的混合物）

★食用色素，至少要三种不同颜色

★塑料注射器或者滴管

★小刀

★微波炉

★尺子

★记录实验数据的笔记本

## 进行电泳实验

1. 首先配制用来溶解琼脂糖的缓冲溶液。我们用的缓冲溶液是 1% 的碳酸氢钠溶液。称 2 克小苏打，放入 200 毫升的纯净水中，然后搅拌均匀。没有厨房秤的话也可以用量勺，2 克小苏打大概是半勺。

2. 在可用于微波炉的碗里盛上 100 毫升小苏打溶液，把 1 克琼脂糖放入溶液中。用量勺的话就是 1/4 勺。

3. 为了让琼脂糖充分溶解，把碗放入微波炉中加热。每隔 10~15 秒，关掉微波炉，搅拌一下碗中的溶液。当溶液开始冒泡的时候，关掉微波炉，把碗取出（注意防烫）。这时的溶液应该是透明的。（注意：加热溶液的时候一定要小心监视，及时停止加热，不然溶液会冒泡流出来。）

4. 暂时把不锈钢丝拿掉，把电泳梳放入塑料盆的某一端，让梳齿和盆底之间留有 5 毫米的空间。缓缓地把琼脂糖溶液倒入塑料盆中，让液面浸没梳齿 5 毫米。这样琼脂糖溶液大概深 1 厘米，如果液体太深，电泳的效果就不理想了。

5. 静置等待琼脂糖溶液凝固，在室温下大概 30 分钟后，溶液就会变成果冻一样的固体了。

6. 确认琼脂糖溶液完全凝固后，小心地把电泳梳从凝胶中拔出来。用小刀在凝胶两端切出凹槽，把电极重新插上。

7. 把剩下那 100 毫升缓冲溶液倒入盆中，要浸没琼脂糖溶液凝胶。

8. 用滴管或注射器，在梳齿留下的小坑中滴入不同颜色的食用色素。

9. 把电池组和电极连接起来，用电泳梳留下小坑的那一端连接负极，另一端连接正极。这时你会看到电极附近的液面有气泡冒出来。如果没有，检查一下电池的连接。

10. 每隔 10~15 分钟查看一下电泳进行情况，直到你看到色素明显发生了移动，而且沿着前进方向分散开。记录下每种色素分离成了几块，哪一块跑得最快。

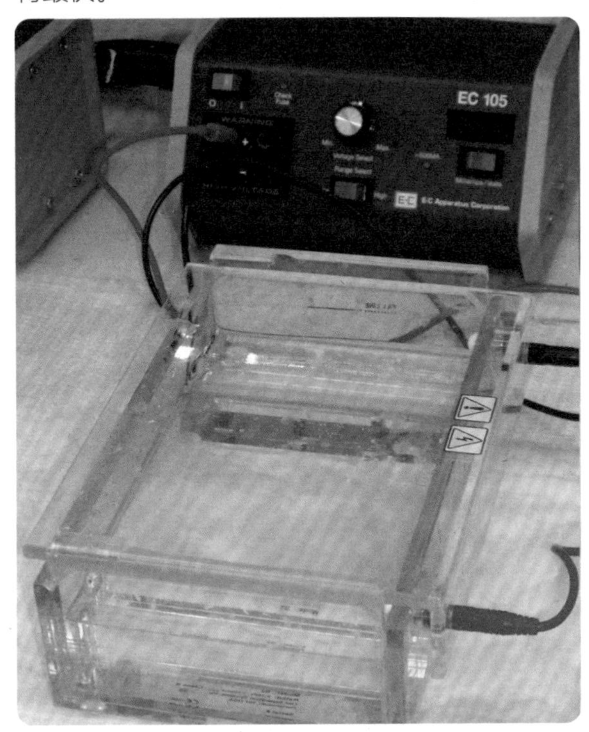


看了实验过程后，你大概就明白为什么这种技术叫作“凝胶电泳”，为什么科学家习惯说“跑个胶”。电泳就是让大分子在凝胶的“游泳池”中、在电场的作用下“游泳”的过程。

凝胶电泳的应用非常普遍，科学家不但用电泳分析样本有多少种分子，还会用电泳测量分子的大小，此外也可以用这种技术来提纯分子。这真是一种操作简单、效果明显的技术。

## 电泳发挥作用的原因

电泳之所以能发挥作用，是因为许多大分子都是带有电荷的。例如 DNA 和 RNA 都是带有负电荷的，它们在电泳槽中会向正极游动。琼脂糖等材料的凝胶中有许多细微的孔洞。分子在向电极运动的时候会从这些孔洞中钻过去。分子越小，就越容易穿过孔洞，移动得也就越快。这样，不同种类的分子大小不同，泳速不一样，在电泳中就会分离开。根据样本在电泳槽中的分离状况，科学家就可以分析物质成分了。

# 基因创造生命奇迹

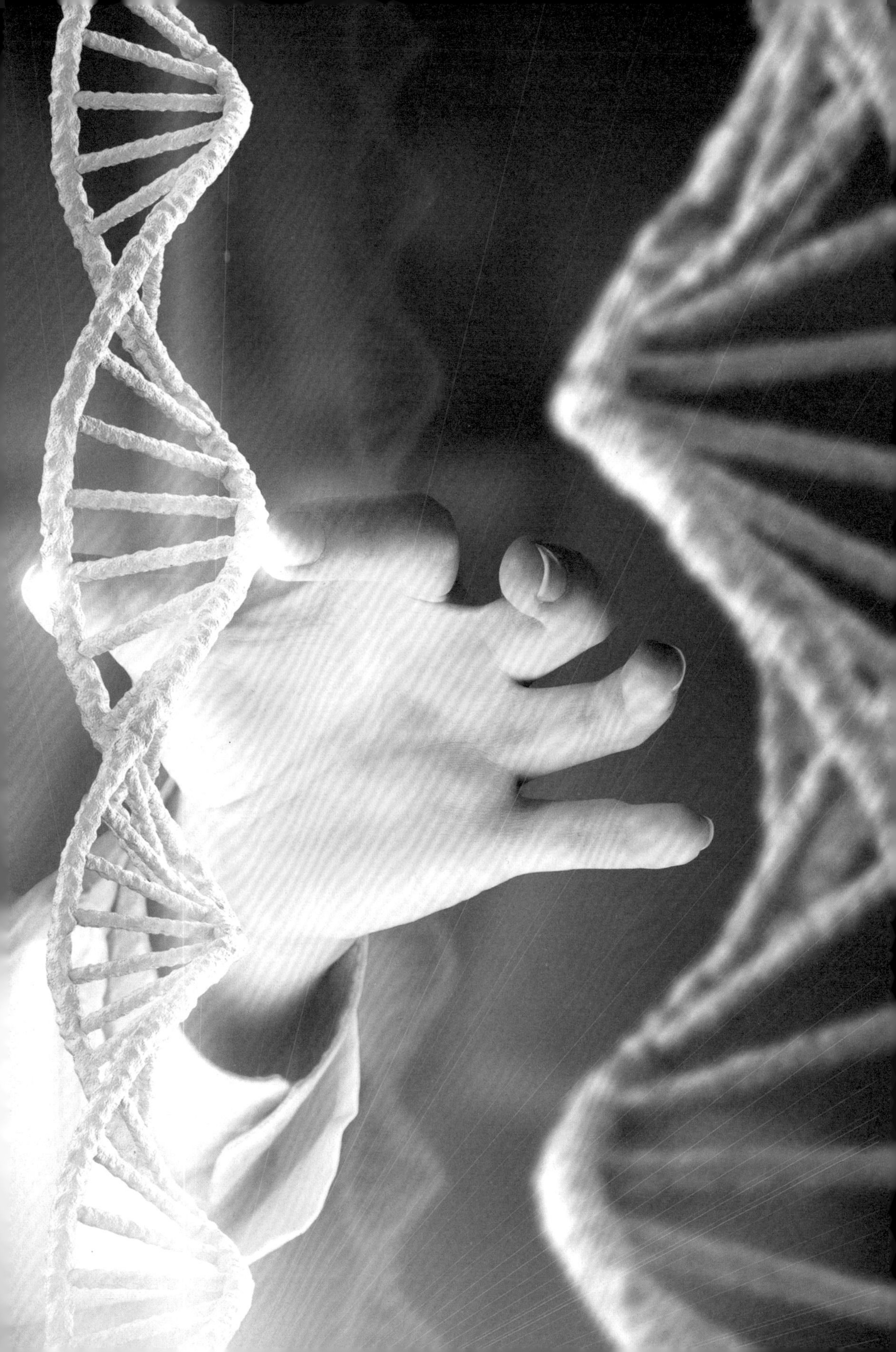

# 基因可以『致病』也能『治病』

Q1 基因是如何让人患病的？

Q2 如何实现基因疗法？

# 基因是如何让人患病的？

Q1

许多疾病都与基因有关。一个人会患哪种病，病情有多严重，很大程度上取决于这个人的基因组成。

很多疾病都与蛋白质的异常有关，包括蛋白质水平（含量）不足或者蛋白质本身的异常。而蛋白质的合成由基因决定。在每个人的细胞内，有23对染色体，一半来自父亲，一半来自母亲，处在染色体同一位置上的两个基因是等位基因。当这对基因中的一个或两个发生突变时，突变的基因无法指挥合成正常水平的蛋白质，蛋白质缺乏会导致疾病。另一种情况是，一个人继承了一个突变基因，生成了异常的蛋白质，继而干扰细胞的正常工作。

看上去，治愈由基因引起的疾病应该是件容易的事：医生只需将某个细胞中“坏掉的”蛋白质替换或直接移除，这个细胞就又可以正常工作了。但事实并非这么简单。

## 基因疗法

基因疗法的效果并不是一劳永逸的，特别是针对体细胞的基因治疗。体细胞是除生殖细胞以外的细胞，它产生了人体的皮肤、骨骼、肌肉及其他组织。用正常基因对体细胞进行治疗能够减轻病人的症状，却不能治愈病人的后代。某个患基因缺陷的病人接受基因治疗后，如果他的生殖细胞（生成配子的基因）内的突变也被修正了，那么他的后代也将被治愈。这也是未来基因医学的一个研究目标。

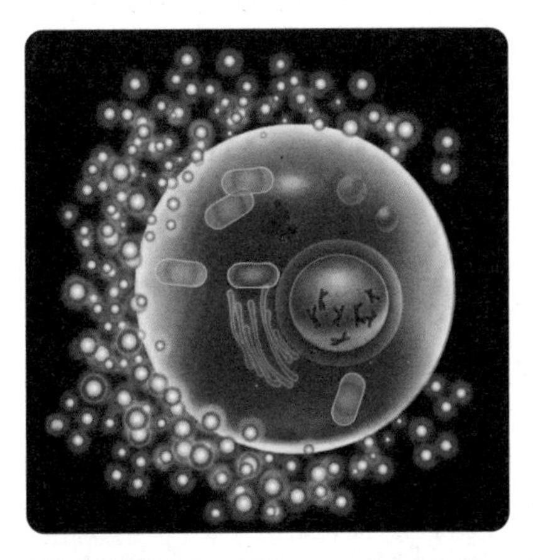

传统意义上的基因疗法并不高效，能不能将罪魁祸首找到，替换成正常的基因呢?

## 寻找问题基因

医生首先需要找到制造麻烦的基因，然后锁定问题细胞，将正常的基因注入细胞，这些基因在进入细胞后便可合成正常的蛋白质。比如，人体内有一类可以产生细胞的细胞，它们是细胞的源头，叫作干细胞，其中一类被称为造血干细胞的，负责产生免疫细胞。如果一个人出生时造血干细胞发生基因突变，人体无法产生足够多的免疫细胞，就会患上重症联合免疫缺陷（SCID）。SCID 患儿很多在出生头一年便会死亡。骨髓移植是治疗这种病的常规方法，但是很难找到匹配源。基因疗法是一种有效的替代方法，它只需把治疗基因注入造血干细胞中，就能产生足够的免疫细胞。

## 天然的载体

这个过程听上去不难，但如何将基因准确地注入细胞呢？科学家想到一种载体，一种可以把基因带进细胞的物质，同时，它不破坏细胞！

病毒就是这种天然的载体，它可以将自身的遗传信息注入宿主细胞。但是，病毒本身会致病。因此，科学家要先使病毒的致病部分失活，同时确保病毒仍能把 DNA 注入宿主细胞。接着，科学家要把治疗基因注入病毒，再将病毒注入细胞。如果操作成功，基因就可以开始表达，产生正常的蛋白质了。

## 传统意义上的基因疗法

如果疾病的起因是基因导致的蛋白质异常，科学家只需要替换或移除这个导致蛋白质异常的基因就可以了，这就是传统意义上的基因疗法。

## 意外情况

整个过程看起来很完美，但是，也有风险和例外。首先，基因疗法只能用来治疗由单个基因突变导致的疾病。此外，使用载体的环节也可能出现问题。注入细胞质内的治疗基因可能会被降解，或者随着细胞的分裂含量降低，最终疗效降低。还有一个问题是，在将一个基因注入基因组 DNA 时，注入的过程是随机的，一旦它发生在 DNA 的编码区，可能会破坏另一个基因。如果被破坏的基因恰好决定细胞是否正常工作，那么这种基因注入对于细胞来说将是致命的。这种情况确实发生过，当治疗基因被注入一个肿瘤抑制基因时，肿瘤抑制因子的表达遭到破坏，接受基因治疗的患者得了癌症。

基因疗法的最大隐患在于人体对病毒载体的免疫反应。虽然科学家已经处理过病毒的致病特性，但是有时人体的免疫系统仍会将其视为有害物质，随之产生的免疫反应也可能会要人命。

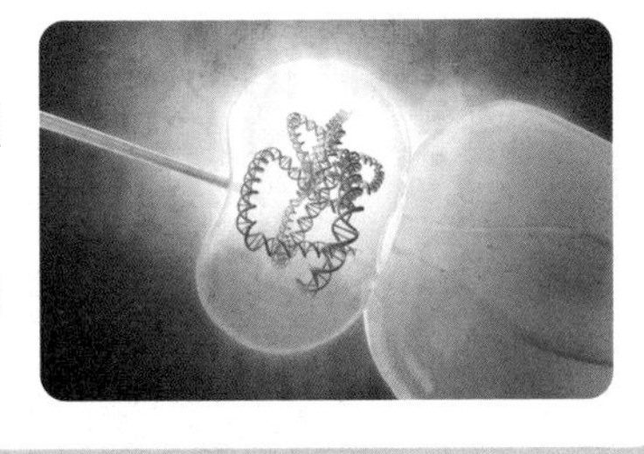

科学家已经了解到基因疗法的问题和局限性，正在尝试避免其负面效应。相信在未来，这些问题将得到妥善解决，基因疗法也将会用于治疗许多由单一基因缺陷引起的疾病。

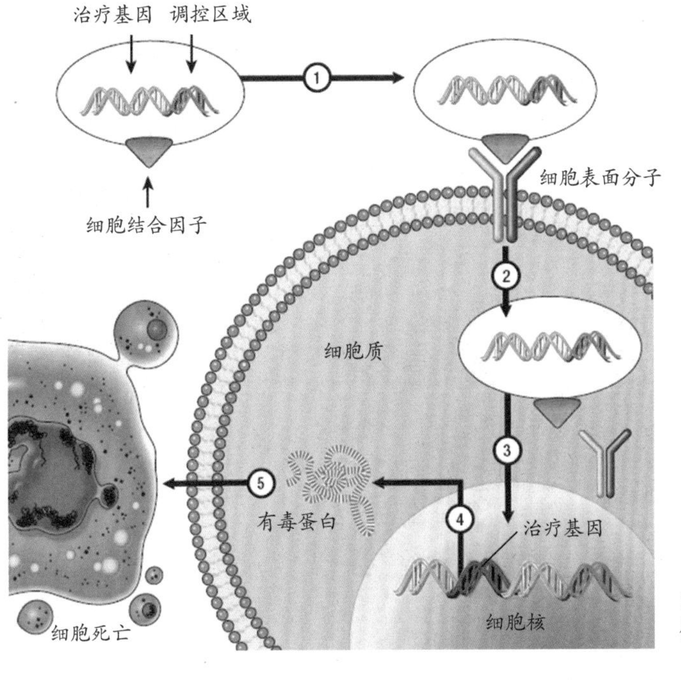

治疗基因被注入染色体中的错误位点导致细胞死亡

# 「量」体「裁」医

Q1 个性化医疗有什么表现？

Q2 未来药物的发展方向是什么？

# 个性化医疗有什么表现？

Q1

个性化医疗在“人类基因组计划”完成时就备受瞩目，不过最近才出现突破性进展。一个人细胞内的全部基因被称为基因组。由于人类基因组以及基因之间的相互作用极其复杂，人类直到最近几年才破解其中的部分奥秘。但在不长的时间中，相关领域的突破已经使科学家可以用相对较短的时间和较低的成本对人类的基因组进行测序。

## 诊断疾病

现在到医院去看病，医生经常要做很多检查，才能做出判断。因为不同的疾病可能会有同一种症状。比如，许多疾病的初期症状都是头疼、发烧或腹泻。医生要花费大量时间才能确定病人到底得了哪种病。

在个性化医疗中，医生只要研究病人的基因档案就可以确定病人可能患了哪种病。病人需要提供组织样本、血液或者其他体液进行检测，医生分析和识别其中的生物标记，然后根据生物标记，选择针对性的药物。

## 个性化医疗

个性化医疗是最有可能对未来产生积极影响的治疗手段。医疗机构可以根据个人的基因序列，为他量身打造一类特定的药物，用来预防或治疗某些基因疾病。

# 未来药物的发展方向是什么？

Q2

## 大众化药物

在目前的医疗体系中，药物的研发和市场推广需要消耗大量资金。每次药物结构的修改都需要额外投入。因此，制药厂一般只生产一种固定成分的药，对大多数人有效且副作用最少。在目前的确诊程序中，这些大众化药物并没有表现出明显的问题。

但是，并不是每个人对药物的反应都一样，有些人对药物更敏感，有些人代谢药物速度更快，有些人或许比其他人更易受副作用影响。而这些不同都是由个人基因控制的。

## 定制药物

在不久的将来，科学家将利用个人的基因组序列提供最有益的药物配比。医生可以研究一个人的基因档案，确定他需要多长时间来代谢药物，对某些特定药物有多敏感，预先判断会不会产生副作用。这种通过基因确定药物配比和药量的过程被称作药物基因组学。

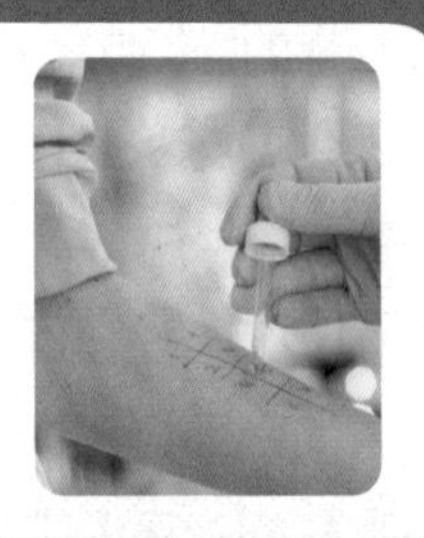

# 预测疾病

## 预测

除了量体定药，医生还能通过个人的基因组来判断他是否更易患上某种疾病。乳腺癌是一种与基因突变直接相关的疾病。1990 年，科学家发现了一种直接与遗传性乳腺癌有关的基因，命名为乳腺癌 1 号基因，英文简称 BRCA1。1994 年，又发现另外一种与乳腺癌有关的基因，称为 BRCA2。当检测到 BRCA1、BRCA2 这两种基因发生突变时，就能给出诸如安吉丽娜 · 朱莉“乳腺癌发生风险 87%”之类比较具体的预测。

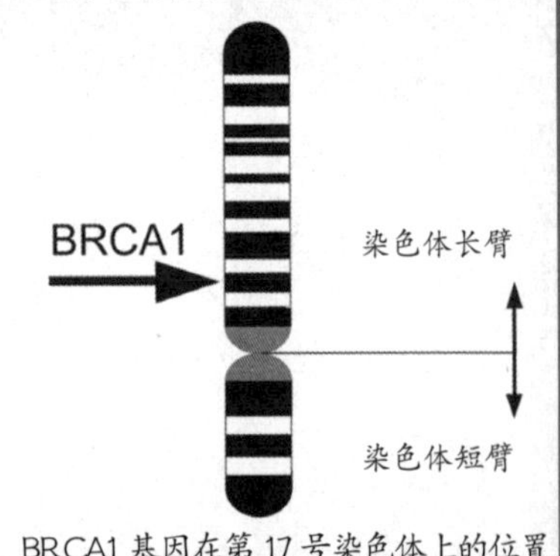

BRCA1 基因在第 17 号染色体上的位置

## 与基因相关的疾病

一些特定的等位基因和基因组合可以指向一些疾病，让医生可以预先判断病人的患病风险，这些疾病包括Ⅱ型糖尿病、一些心脑血管疾病和癌症等与遗传因素有关的常见疾病。

## 措施

如果医生得知一个病人患某种病的概率较大，他在治疗的过程中就可以采取一些措施，避免疾病的发展。比如，如果某人患Ⅱ型糖尿病的可能较大，这种病人对胰岛素敏感性较差，细胞无法有效获取葡萄糖。在这种情况下，医生可以建议病人多运动，养成健康的生活习惯，以减少患病风险。此外，医生还会加强对病人病情的监控，一旦病人出现某些早期症状，就可以在第一时间发现并对其进行相应的治疗。

## 应用中的担忧

很多媒体曾断言，个性化医疗可以带来蓬勃的创新，但也是对旧有的医疗产业的颠覆。自从对个性化医疗的预测推出后，一些担忧和疑问便始终相随。

科学家和医生可以在人出生时就为他的基因测序，预测他一生中可能在什么时候患哪些疾病。当然，这样做能够预防和治疗疾病，但是也存在一定的风险。这些重要的信息有可能被错用，并导致歧视的产生。

当然，这些隐患造成的风险是能够被降低的。利用基因技术的医疗将会为人类医学铺就一条光明大道。

2012年，美国《时代》周刊的封面，主题是："想不想知道我的未来？"围绕在婴儿周围的是一些疾病的名称，下面的小字是："新的基因测试可以指出风险——但并非总能治愈疾病。"

# 延续生命的『长寿仙丹』

Q1 端粒对人体有什么影响？

Q2 细胞可以不断地分裂繁殖吗？

Q3 端粒酶可以修复端粒吗？

## 细胞的大限

20 世纪 60 年代，美国生物学家伦纳德·海弗利克研究体外培养的人类细胞时，发现细胞最多只能分裂 50 次左右，之后就不再分裂，这个次数就称为“海弗利克极限”。细胞在持续分裂、端粒减短到某种程度时，便开始老化，它就会启动自杀程序，叫作“细胞凋零”程序。因为这样的细胞如果还勉强复制，产生的新细胞会有残缺基因。基因残缺的结果，不是畸形就是癌变，那都不是好事情。这时候最恰当的处理方式就是让这个细胞自杀。

根据这个现象来推测，人类衰老的可能原因之一，是身体的每个细胞都要经历这个端粒耗竭的过程，最终都要自杀。大部分细胞自杀得差不多了，人就衰老了。

端粒变短还与许多疾病的发生有关，如阿尔茨海默病、动脉硬化、高血压以及 II 型糖尿病，可能是因为这些病变组织中的细胞分裂更为频繁。

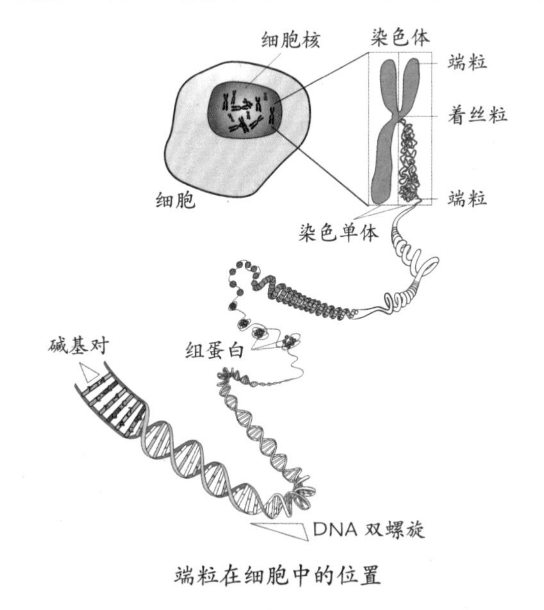


端粒在细胞中的位置

## 端粒

早在 1930 年，赫尔曼·约瑟夫·穆勒（1946 年诺贝尔奖得主）与巴巴拉·麦克林托克（1983 年诺贝尔奖得主）就发现真核细胞染色体 DNA 的末端有一段重复的序列，这一段序列是不携带遗传信息的，这些不带遗传信息的 DNA 片段叫作端粒。

# 细胞可以不断地分裂繁殖吗？

Q2

## 端粒酶

澳大利亚的分子生物学家伊丽莎白·布莱克本（2009年诺贝尔生理学或医学奖得主）发现了一种生物化学物质，叫端粒酶。这种物质可以使细胞无限次分裂而不变异，也就是说，可以产生不凋亡的细胞。

## 细胞分裂

人体是由细胞组成的。正是由于细胞在人体内不断地分裂繁殖，人类的生命才得以延续。如果细胞能无止境地分裂下去，人类不就能长生不老了吗？

细胞分裂就是原有的一个母细胞分裂成两个子细胞。母细胞要把遗传物质传给子细胞，因此细胞每分裂一次，遗传信息也要复制一次。细胞的遗传物质分布在46条染色体内，每条染色体由一对双螺旋的DNA分子缠绕而成。在细胞分裂时，两条缠绕在一起的DNA链会打开，同时各以自己为模板，合成新的DNA链。但是出于很复杂的原因，DNA

每复制一次，末端就会丢失一截，子细胞就不能完整地继承母细胞的遗传物质。这样就很容易发生基因突变。一般基因突变会产生很不利的影响，对人类来说，很可能产生某种病变。

## 端粒

染色体复制时丢失的是一段无用的 DNA 片段，所有有用的遗传信息都还保留着。然而端粒的长度是有限的，染色体每复制一次，端粒就少一截。科学家在 20 世纪 70 年代早期就指出，照这个方法，DNA 每次复制之后，端粒都会变短一点。复制几十次后，当端粒缩短至一定程度时，麻烦就来了。这时如果继续复制下去，就要开始丢失带遗传信息的那段 DNA 了，这对生物是致命的伤害。

## 如何检测到端粒酶

科学家发现，有一种叫端粒酶的蛋白能修复端粒，但是在一般的细胞中几乎检测不到有活性的端粒酶。只有在造血细胞、干细胞和生殖细胞等必须不断分裂的细胞中，才可以检测到有活性的端粒酶。

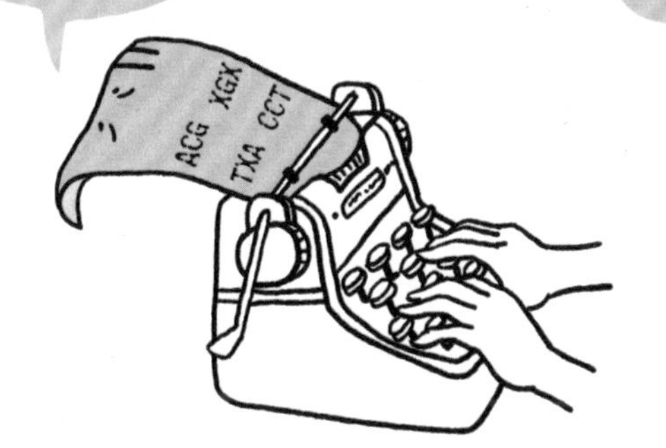

# 端粒酶可以修复端粒吗？

Q3

## 炸药的引线

如果没有端粒，染色体就像破了一样，不但容易缠在一起，还可能导致细胞故障。随着细胞的分裂，端粒会逐渐变短，直到细胞衰老或死亡。因此，端粒又被形象地比喻为炸药的引线。

## 端粒酶

如果把端粒酶注入细胞中，延长端粒长度，正常的体细胞不就可以不断分裂了吗？科学家对此寄予了很大的希望。

如果端粒酶可以让细胞逃离死亡，它会不会增加癌症的风险呢？科学家未有定论，目前他们只是可以让细胞突破限制并持续分裂，而且细胞没有出现癌变的迹象。按此构想，我们可以大量生产用于移植的细胞，如治疗糖尿病的胰岛 B 细胞，治疗肌肉营养不良的肌细胞，以及治疗重度烧伤的皮肤细胞。

我们再来看看端粒酶的另一面。我们说端粒酶在正常体细胞中几乎不表现活性，而在癌细胞中活性却很强。在这种情况下，我们需要的就不是激发端粒酶的活性，而是抑制它的活性，从而抑制癌细胞分化，达到治疗癌症的目的。研究表明，端粒酶抑制剂比传统的癌症化学疗法和基因疗法有更高的特异性和较少的副作用，并且很可能对晚期扩散的肿瘤也能起到抑制效果。

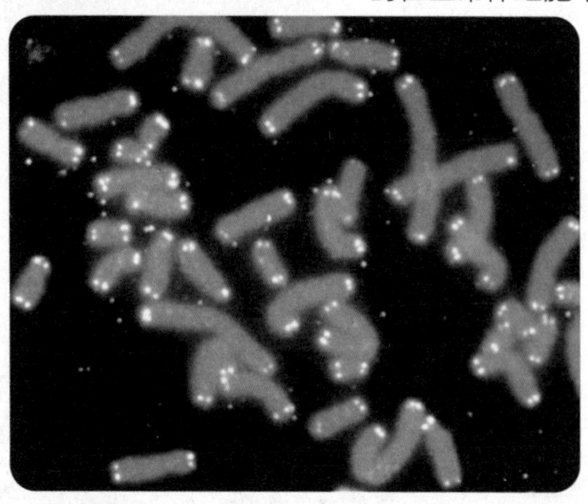

人类染色体上的端粒

## DNA 的自身修复

细胞里有一些“哨兵”，当发现 DNA 发生损伤时，它们会齐心协力去纠正，这就是 DNA 的修复。正常的代谢活动以及环境因子（如紫外线和辐射等）都可能造成 DNA 损伤，包括双链的断裂甚至碱基配对错误。每个细胞每天大概有 1 万 ~ 100 万处损伤，虽然这只占到基因组总量的 0.000165%，可是这些错误不能被及时发现和纠正，就会改变细胞的功能甚至酿成大祸。另外，碱基配对的错误对于子细胞来说可能是致命的。因此，如果 DNA 不能正常修复，而且又没有及时给细胞寄“死亡通知单”，那么生物体就会大难临头。

DNA 修复的过程对于生物体来说是必要的自救机制，它可以让濒临绝境的细胞幸免于难。DNA 修复的速率取决于很多因素，如细胞类型、细胞的“年纪”以及细胞的外部环境。如果一个细胞已经积累了大量的 DNA 损伤，它已经没有能力修复这些损伤了，那么它可能经历以下三种情况之一：

1. 永远的“休眠”，我们称之为衰老；
2. 自杀，叫作细胞凋亡或程序性细胞死亡；
3. 分裂失控，这可能会导致肿瘤的发生。

## 人类会衰老的原因

美国遗传学家理查德 · 考森发现，端粒的长短与一个人的寿命有关。研究发现，端粒长的人比端粒短的人至少可以多活 5 年。虽然人的寿命比小鼠长得多，但是人的端粒却相对较短，这说明端粒的长度并不是决定寿命的唯一因素。

衰老的主要原因是氧化应激，就是氧化剂对 DNA、蛋白质等的损伤。氧化剂的产生是非常普遍的，甚至正常的呼吸也会产生氧化剂。实验中，当科学家用药物中和蠕虫体内的氧化剂时，蠕虫的寿命平均增加了 44%。

衰老的另一个重要原因是糖基化。葡萄糖是人体内能量的主要来源，但是它结合于 DNA、蛋白质等的糖基化过程却令人沮丧。糖基化会随着年龄的增长越来越严重，并导致功能障碍，甚至疾病或死亡。

# 控制基因 战胜癌症

Q1 什么是控制细胞生长的开关？

Q2 是什么导致了癌症的发生？

# 什么是控制细胞生长的开关？

## 细胞生长

婴儿长大成人，或者成年人长出新的组织，都意味着有新的细胞生成。细胞数量增加的主要途径是分裂，也就是细胞一分为二。只要细胞能够一直有序地生长和分裂，一切都会正常。

## 分裂失控

有时候细胞在分裂时会失去控制，比如在该停止的时候仍然继续分裂，就像汽车开得太快而失控，糟糕的事情就会发生。如果细胞的生长和分裂无法正常停止，肿瘤就会产生。当肿瘤越长越大，危害到正常的身体功能，就成了癌症。

## 控制细胞生长

细胞的生长由基因控制，它们分为两类：一类基因告诉细胞要分裂，被称为原癌基因；另一类基因告诉细胞不要分裂，被称为肿瘤抑制基因。它们的工作就像电灯的开关，一类基因打开开关，而另一类基因关闭开关。

原癌基因和肿瘤抑制基因之间的协作可以达到校准细胞周期的作用，它们可以保证细胞按照正常的速度分裂，不能太快，也不能太慢。这个过程就像手表一样，它的时间经过准确校准。

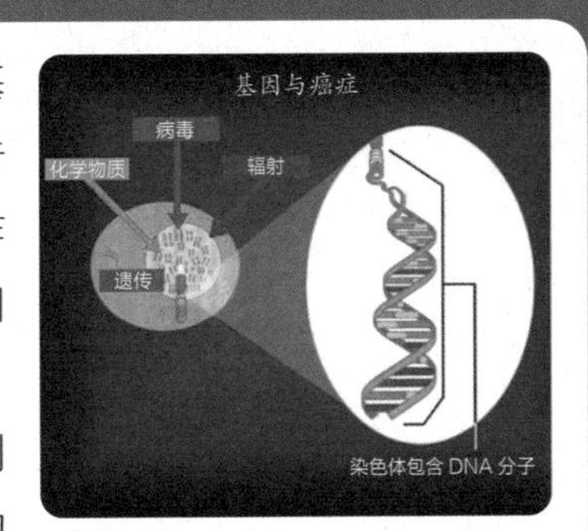

化学物质（如吸烟产生的物质）、辐射、病毒以及遗传因素都可能造成细胞内基因的改变，从而导致癌症的发生

## 肿瘤抑制基因编码的蛋白质

肿瘤抑制基因编码的蛋白质可以减慢细胞的生长和分裂，这类蛋白质的缺失会导致细胞呈现出失控的生长和分裂。肿瘤抑制基因就像汽车的刹车片一样，肿瘤抑制基因的功能缺失就相当于刹车片不能正常工作，继而导致细胞持续地生长和分裂。

# 是什么导致了癌症的发生？

## 基因的错误

在细胞分裂前，DNA 会进行复制，复制的过程若出现错误，就被称为突变，就是 DNA 的序列发生了改变。细胞分裂是受原癌基因和肿瘤抑制基因精确控制的，它们中任何基因的突变都会打乱细胞周期。

## 与癌症相关的突变

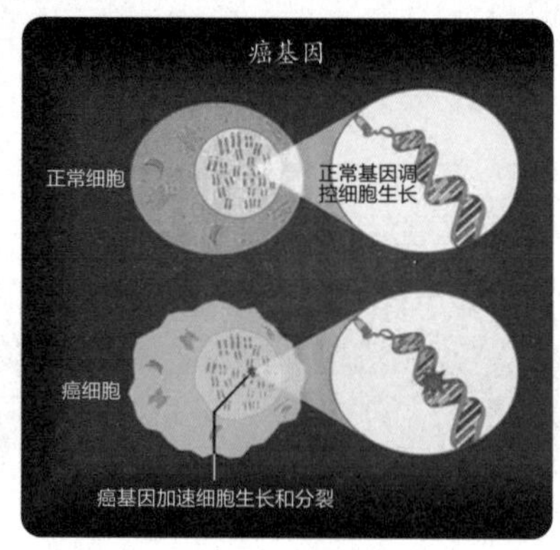


与癌症的发生相关的损伤基因，叫作癌基因

有两类与癌症相关的突变。一类突变是肿瘤抑制因子失去了原有的功能，细胞会持续分裂，这类突变是失去功能突变。还有一类突变会造成原癌基因的过度活跃，即获得功能突变。这类突变会造成蛋白质过度活跃，这时原癌基因一直处于“开”的位置，不断刺激细胞分裂，就变成了癌基因。

只有当原癌基因出现获得功能突变，并且肿瘤抑制基因出现失去功能突变，细胞得到不断分裂的信号，而且没有信号让它们停止分裂，癌症才会发生。

造成癌症的基因突变可以是自发的，也可以是遗传自父母的，它们分别被称为偶发突变和家族性突变。

## 基因的作用

每个人的基因组中都有很多不同类型的原癌基因和肿瘤抑制基因。对科学家而言，要实现基因治疗首先要了解这些基因在癌症形成中的作用。现在，了解一个人的基因组序列已经成为可能，科学家可以研究许多人的基因组序列，来确定每个肿瘤抑制基因或原癌基因含有多少可以导致癌症的突变。一旦了解了这些基因的特征，就可以通过进一步的风险评估来制订治疗方案。

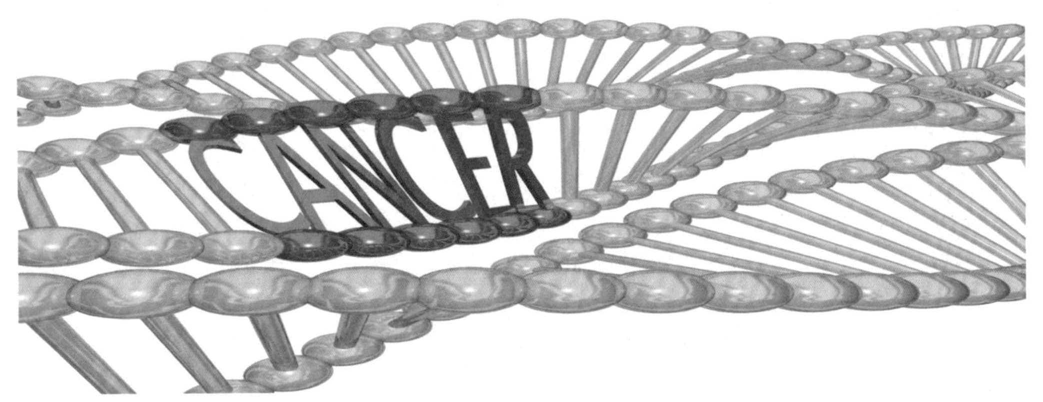


# 未来癌症的基因治疗

## 基因治疗

既然我们可以锁定具体的基因，那么是不是也可以进行基因治疗？当肿瘤抑制基因或原癌基因发生突变的时候，尝试修复基因本身？基因疗法的目的是修复基因，或者至少恢复细胞制造基因产物的能力。比如，在未来，如果基因检测的结果表明某人携带有缺陷的基因，科学家就可以利用载体把完好的基因带入细胞，从而替代这些有缺陷的基因。

如果我们能够更充分地了解原癌基因和肿瘤抑制基因的特征，同时使基因疗法更加完善，那么很多困扰人类的癌症都可以被治愈。

## 大肠癌与基因突变

大肠癌的发生与至少 7 个基因相关，它们中的任何一个发生突变都会导致大肠癌。突变造成的 DNA 错误可以通过 DNA 测序来进行排查。如果发现这些基因发生了突变，就可以提前采取措施，并增加癌症筛查的频率。越早检测到癌症，治疗的成功率就越高。

# 生命能不能被复制

Q1 克隆技术是怎样发展的？

Q2 学界怎样看待克隆？

Q3 人体克隆真的可行吗？

Q4 人们对人体克隆的态度是什么？

泰国作家赛尼暖的科幻小说《克隆人》讲述了两个克隆人的悲惨命运：一个亿万富翁在自己壮年时期，利用自己的体细胞，培育出两个克隆人（就是复制出跟自己一模一样的人），其目的是在自己衰老后，移植他们的器官来保持青春。小说中的克隆人和正常人一样生活、恋爱……但却被当作实验用的动物一般对待。你也许认为，这只是科幻小说，但在现实中，人的克隆技术已经不是遥不可及的事情了。

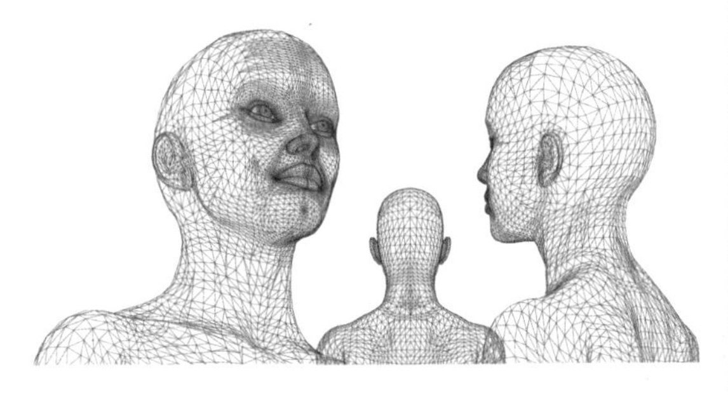

1938 年，德国胚胎学家首次提出了克隆技术的设想。1952 年，科学家首次用青蛙进行了克隆实验。1996 年 7 月，英国科学家伊恩・威尔穆特博士用成年羊体细胞克隆出了一只活绵羊——多莉。

## 各国对克隆人的态度

因为克隆包括生殖性克隆和治疗性克隆，一些国家对这两点做了区别，给治疗性克隆人保留了一定的合法空间，比如澳大利亚。欧盟基本权利宪章明确禁止的是生殖性克隆人。中国坚决反对生殖性克隆人，但是不反对在严格审查和有效监控下进行的治疗性克隆人。美国至今还没有通过禁止人体克隆的联邦法案，但是已有很多州禁止了生殖性克隆人。美国医学会的医生和美国科学促进会的科学家也签署了公开声明，反对生殖性克隆人。

## “克隆先生”安蒂诺里

### 克隆研究

2002 年 4 月，意大利医生塞韦里诺·安蒂诺里成为世界关注的焦点。他在一次国际会议上宣布，他已经在前一年成功地进行了人体克隆，参与实验的妇女已经怀胎 8 个月。不过安蒂诺里没有透露更为详细的情况，这名妇女的身份仍是个谜。

作为一名生育专家，57 岁的安蒂诺里一直是个话题人物，他对人体克隆的执着被人视为疯狂之举。他曾多次表示要克隆人，并一直在积极筹划。因此，他被英国人称为“克隆先生”，被西班牙人称为“克隆大夫”，被德国人称为“巫医”，被意大利人称为“克隆疯子”。安蒂诺里倒不是很在意别人叫他什么，他把自己称为“不可能出生的孩子之父”。他声称，克隆人的行为不需要任何人的许可，“如果世界上没有任何一个国家支持我们的克隆人计划，那么我们就搬到公海的一艘船上继续进行克隆人的实验”。

安蒂诺里称，克隆人是为了帮助那些不孕不育的夫妇。的确，对于某些无法生育的人来说，克隆可能是得到真正属于自己的孩子的唯一办法，有许多人寄希望于此。据安蒂诺里说，有 200 对夫妇报名参加克隆实验。也有人把克隆当作获得重生的方法，在至爱或亲朋不幸离世后，他们希望用克隆技术把亲人带回自己身边。

## 学界态度

不过，主流科学界对人体克隆是持坚决反对态度的。2000 年，安蒂诺里曾经的合作伙伴、美国医生帕纳约蒂斯・扎沃斯受邀到牛津辩论社进行演讲，他遭到了伦敦帝国学院医学院著名学者、生育及繁殖生物学专家罗伯特・温斯顿教授言辞激烈的批评。温斯顿认为，人体克隆是违反职业道德的行为，既危险又没有必要，不仅破坏了对生命的尊重，还侵犯了人类的尊严。他说："我不在乎你们是否能真的克隆人类，因为当你们无可避免地制造出畸形的孩子时，父母必然会把你们告上法庭，让你们受到严惩。到那时只有上帝才能帮得上你们，而你们罪有应得，无论是在美国还是在意大利。"

## 所谓人体克隆

要完成人体克隆，需要把某个卵细胞中的遗传物质取出，然后把某人身体细胞中的遗传物质注入这个空心的卵细胞内。之后用电击或药物等手段刺激细胞，让它发育为胚胎。胚胎先要在培养皿中生长一段时间，然后再植入女性的子宫中，在那里成长为胎儿。与通过正常生育、带有父母双方基因的孩子不同，这样克隆出来的人，其基因和提供遗传物质的原版一样，是不折不扣的复制品。

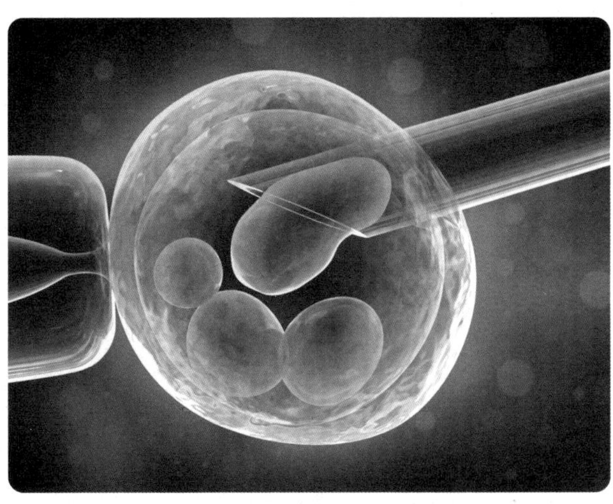

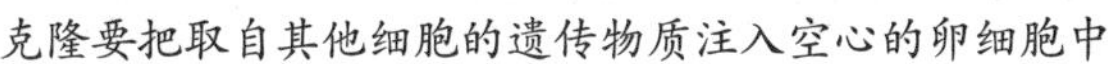

克隆要把取自其他细胞的遗传物质注入空心的卵细胞中

## 造出畸形儿的概率

### 克隆时代

克隆时代开始于 1997 年，由英国罗斯林研究所的科学家伊恩·威尔穆特率领的团队，成功地克隆了第一只哺乳动物——大名鼎鼎的克隆羊多莉。在这之后，科学家又成功地克隆了牛、猪、小鼠等动物。当然，科学家这样做不是为了最终克隆出人类的婴儿，而是为了培育用于养殖的新品种家畜。科学界的确也想进行人类克隆的研究，但大多数情况下并不是要制造克隆婴儿，而是希望运用克隆技术获得人体早期胚胎，提取全能型的胚胎干细胞，然后在合适的条件下，使其发育成人体任何一种器官组织，包括大脑、肌肉、血液和神经等，把这些组织用于医疗。

为了区别制造克隆人的生殖克隆，这样的研究被称作治疗克隆。而正是这些研究中的发现，令主流科学家成了克隆人的坚定反对者。就是在多莉诞生的罗斯林研究所，科学家发现他们的成功很难复制。100 个注入了其他细胞的遗传物质的卵细胞，只有两三个最终成为克隆动物出生。绝大多数卵细胞要么一开始就没能发育为胚胎，要么在植入子宫的时候失败了，还有一些胎儿在出生前就死去。

## 存在问题

威尔穆特说："整个孕育过程随时可能出现问题。有时我的同事能看出胚胎出问题了，有时看起来一切正常。当我们期待健康的小羊在几天后出生时，胎儿却突然死了，死于某种超声波检查发现不了的异常原因。"

诞生时完全正常的克隆羊，也会出现奇怪的问题，威尔穆特说："它诞生的时候很正常，开始也非常健康，我们都很高兴。唯一的问题就是它总是气喘吁吁，就像我们跑了几百米那样，而它是从早到晚一直在喘。兽医同事从其他兽医和儿科医生那里寻求建议，尝试了所有的疗法，不幸的是这些方法都无助于改善它的病情。"

除了罗斯林研究所，全世界研究动物克隆的科学家都发现克隆动物出现了各种各样的问题。研究发现，这些动物体内有着各种各样的缺陷，心脏、肝脏、肺、血管、免疫系统等都可能出现异常。绝大多数克隆动物都很快地夭折了，多莉也是在仅有 6 岁时就因患上严重的肺病被迫实行了安乐死，寿命仅有普通绵羊的一半。

# 人们对人体克隆的态度是什么？

Q4

## 无声的警告

罗斯林研究所主任哈里 · 格里芬博士认为，这些克隆动物的命运是给那些想进行人体克隆的人的警告。在牛津辩论社的活动中，他质疑说："这些缺陷是没办法用超声波检查发现的，这样的动物会遭受无法治疗的疾病的折磨，为了不让它们继续受苦，我们杀死了它们。现在如果你们有人打算冒险克隆人，我想问问扎沃斯医生，出现了这种问题的话，你会怎么办？"

多莉的创造者、罗斯林研究所的伊恩·威尔穆特教授说："人类有一套经过几百万年的进化而得到的系统，用来确保卵细胞受精成功，而我们现在要求它做的是完全不同的工作，因此结果不理想真没什么值得大惊小怪的。从某种程度上说，有时候竟然能够成功才是应该让人惊讶的。"

## 安蒂诺里等人的态度

尽管克隆动物存在各种各样的问题，但安蒂诺里等人始终认为，克隆的风险被夸大了。他们相信，人类克隆与动物实验不同，更精细的技术手段完全可能克隆出健康的人。扎沃斯提出通过检查 DNA 上的甲基来筛选健康的克隆胚胎，但主流科学界认为这是极其困难的。不过，对于求子心切的家庭来说，风险可能不是他们关注的重点。

# 全球争论克隆禁区

## 伦理和宗教

除了科学领域，人体克隆也在伦理和宗教方面遭到了反对。有人认为，这是在试图扮演上帝；也有人认为，这是对伦理的践踏，会破坏家庭这一人类社会的基石；还有人担心，克隆人因为只是原版的复制品，其人权会受到限制，他们可能会被当作廉价劳动力而遭受奴役。

2002 年在上海召开的国际人类基因组大会上，伦理学家与科学家纷纷赞成对克隆人实验设置禁区。

## 安蒂诺里的态度

但不管世界舆论如何，安蒂诺里依然我行我素。到了 2009 年，他透露说他当年克隆的儿童已经健康地生长到了 7 岁。是否确有其事，是相当值得怀疑的。要知道，科学家尚未克隆出和我们亲缘关系最近的灵长类动物，最接近成功的研究也仅是成功克隆了猕猴的胚胎。我们是否已经准备好克隆人了呢？至少从科学的角度上看，目前还没有。

## 克隆禁令

联合国 2005 年 3 月 8 日发表《关于人的克隆的宣言》，指出：会员国应当考虑禁止违背人类尊严和对人的生命的保护的一切形式的人的克隆，并且毫不延迟地通过并实施国内立法以落实这个禁令。到 2015 年，全世界约 70 个国家已禁止克隆人。

# 人机合一——电脑将成为人脑的延展

Q1 化学计算机用什么承载信息？

Q2 DNA 计算机的关键是什么？

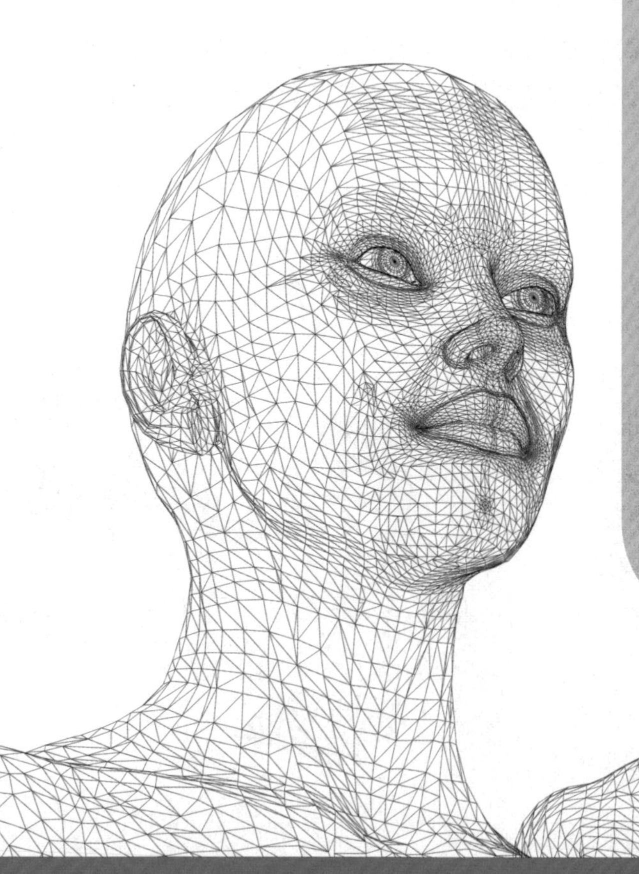

# 化学计算机用什么承载信息？

Q1

有人这么比喻：DNA 存储信息的能力远大于现有的电子计算机存储芯片及其他存储介质，1 克 DNA 所能存储的信息量，据估计可与 100 万张 CD 相当。

用硅做成的芯片驱动计算机独领风骚已经超过 40 年。根据摩尔定律，微处理器上的电子元件数量每 18 个月会增长 1 倍。当人造的硅元件无法再微小化的时候，这种计算机就接近了发展的尽头。

## 化学计算取代数学计算

传统电子计算机以“0”和“1”的组合来承载信息，并以逢 2 进 1 的方式进行运算；而在 DNA 计算机中，信息将以分子代码的形式排列于 DNA 上，特定的酶可充当“软件”来完成所需的各种信息处理工作。

我们知道，DNA 分子是一条双螺旋的长链，上面布满了四种碱基，分别为：腺嘌呤（A）、鸟嘌呤（G）、胞嘧啶（C）和胸腺嘧啶（T）。DNA 分子通过这些碱基的不同排列，能够表达出生物体各种细胞拥有的大量信息。数学家、生物学家、化学家以及计算机专家从中得到启迪，他们利用 DNA 能够编码信息的特点设计了一种全新的计算机。

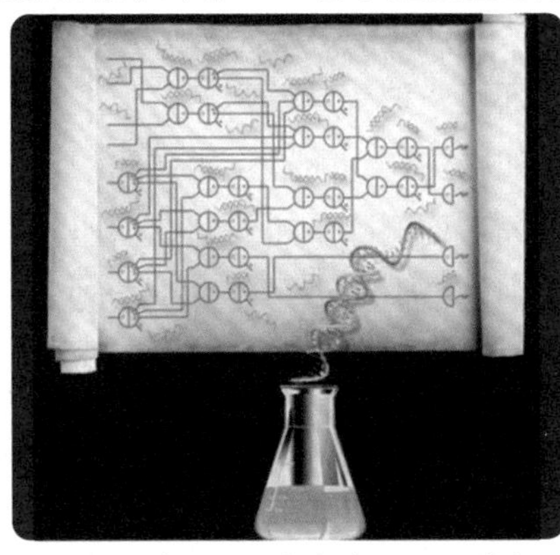

加州理工学院的研究者在一个试管中制造的 DNA 合成线路，相当于计算机芯片中的晶体管。线路图表示的是一个包含 74 个 DNA 分子的系统，它也是目前世界上最大的 DNA 分子合成线路。线路计算的是不超过 15 位数的平方根，一直到得出最接近的整数。计算用时约 10 小时（图片来源：Caltech/Lulu Qian）

## 未来的计算机

未来的计算机，包括量子计算机、分子计算机、纳米计算机、光子计算机等，而 DNA 计算机也是取代硅计算机的可能之一。

## 运作方法

这款利用 DNA 能够编码信息的特点设计的计算机的运作方式可以这样来描述:

1. 先合成具有特定序列的 DNA 分子，使它们代表需要求解的问题。

2. 经过编码后的 DNA 链作为问题输入，在试管内经过一定的时间控制和生化反应，通过生物酶的作用（相当于加减乘除运算）完成运算。

3. 反应的产物和溶液给出各种解的组合。

4. 过滤掉非正确的组合，选出最优解并且和其他解分离。

5. 最终得到的编码分子序列就是正确答案。

6. 输出问题的答案，或者在我们希望的地方呈现问题答案。

计算不再是一种数学性质的符号变换，而是一种化学性质的符号变换，即不再是加减操作，而是化学性质的切割和粘贴、插入和删除。如何制造输出答案的接口，则是 DNA 计算机的关键所在。

## 研究进程

2006 年，美国科学家研制出用 DNA 计算机的诊断方法，可用于快速诊断禽流感和西尼罗病毒。2009 年，美国科学家用大肠杆菌研制成细菌计算机，运行速度远快于任何以硅为基础的计算机。2011 年 9 月，美国科学家用生物计算机摧毁癌细胞，这种生物计算机能够进入人体，通过分析识别出特异癌细胞，从而触发癌细胞的毁灭过程。

## 接近人脑

自从 2000 年世界上第一台实验性的 DNA 计算机问世，DNA 计算机已经从科学幻想走向现实。

也许，未来的 DNA 计算机成本将会变得很低，因为 DNA 很容易得到，是廉价的资源。而且与传统电子计算机相比，DNA 计算机有很多优点。

## DNA 计算机的优势

1 千克的 DNA 具有的存储容量比有史以来制造的所有的电子计算机的存储容量还要大。不同于传统的计算机的线性计算，DNA 计算机实行的是并行计算。也就是说，传统计算机是一个问题接着一个问题逐个求解，而 DNA 计算机是多个问题同时求解。DNA 计算机的运算速度可以达到每秒 10 亿次，十几个小时的 DNA 计算，相当于所有电脑问世以来的总运算量。

## 实现“人机合一”

最重要的一点是，研究 DNA 计算机能使我们更好地了解世界上最复杂的“计算机”——人类的大脑。而且，完全可以想象，一旦 DNA 计算技术全面成熟，那么真正的“人机合一”就会实现。只要有一个接口，DNA 计算机就可以通过接口直接接受人脑的指挥，成为人脑的扩展部分，而且它以从人体细胞吸收营养的方式来补充能量，不依赖外界的能量供应。

# 未来或将出现转基因动物

Q1 转基因会影响全球变暖吗？

Q2 还有哪些影响动物的基因？

## "转基因炖菜"

如果我们将不同动物的 DNA 打乱并且重新进行搭配和组合，会出现怎样的结果呢？这就相当于我们要做一道搅拌和搭配动物 DNA 的"转基因炖菜"一样。

如烹制美味的炖菜一样，我们首先要有食谱。

基因是脱氧核糖核酸组成的重要的分子结构，"转基因"建立于"基因"之上。我们每个人约含有 20000 个基因，这些基因携带着构建我们身体内其他分子结构的蓝图，如骨骼、皮肤、器官、头发等。

"转基因炖菜"的基本元素是基因，而它的关键在于这个"转"字。"转"可以是"转运""转移"，"转基因"指的是基因的移动。

有了食谱就可以开始了。在你选择基因进行搅拌和搭配之前，先参考一下科学家所做的一些"转基因炖菜"的例子吧。

## 1 个碳原子 +4 个氢原子 =1 个全球性问题

转基因可以把地球从全球性变暖中拯救出来——从改变一只羊做起。甲烷是一种温室气体，它在全球变暖中起着重要的作用，因为大气中的甲烷能有效地保存地表附近的热能。（1 个甲烷分子由 1 个碳原子和 4 个氢原子组成，甲烷的分子式为 $CH_4$）

动物的消化过程是甲烷的一个重要来源。水牛、骆驼和羊吃完每一餐后都会放屁——释放出大量的甲烷。

太平洋西南部的岛国新西兰养有很多羊，人均达 7 头。一些人把新西兰羊的放屁视为全球变暖的一个因素。尽管牧羊人已经尝试了各种方法以减少羊放屁，可是效果不佳。遗传学家的研究终于让我们看到了希望，他们已经找到了一个有效的方法使羊屁变得香喷喷的。

# 还有哪些影响动物的基因？

Q2

## 微生物

遗传学家发现，诸如羊和牛等动物的放屁量会因个体而异，他们决定去调查导致这种差异的原因。最终，他们把关注的焦点放在了内脏的微生物上。

“我们想了解为什么有些羊会产生大量甲烷，而有些羊几乎不产生甲烷。”联合基因组研究所的埃迪·鲁宾博士在解释研究结果时说，“研究证明这纯粹是微生物造成的差异。”

鲁宾博士的研究团队发现，不同的内脏微生物产生甲烷的数量是不同的。如果一只羊含有大量的产甲烷的微生物，那么它自然会多放屁，反之亦然。但是放屁量因羊而异，这可不是单靠内脏微生物的种类和数量就能解释的。

通过进一步的研究，他们发现某一类基因与甲烷气体的产生直接相关。这些基因在不同动物之间的差异是造成它们放屁量不同的直接原因。

将来遗传学家可能会想办法关掉这个多放屁的基因，或者用少放屁的基因来代替。

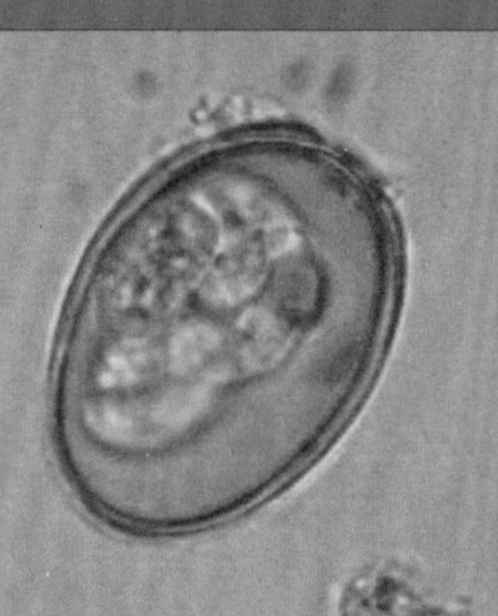

转基因技术会给生物带来什么影响，目前尚无定论

## 球虫病

科学家通过破译寄生虫的基因密码攻克了大饥荒难题。

一种叫作艾美耳球虫的寄生虫感染了鸡，在某种程度上会造成餐桌上的鸡肉非常倒胃口。

为解决艾美耳球虫引起的最大麻烦——球虫病，伦敦皇家兽医学院的生物学家对艾美耳球虫的基因组进行了测序。皇家兽医学院病理学和病原生物学教研室主任菲奥娜·汤姆利解释了其中的意义：“弄清楚艾美耳球寄生虫的基因密码有助于人类开发新的治疗球虫病的方法。家禽生产预计将保持增长，开发新的抗球虫疫苗将对全球粮食安全做出重大贡献，特别是在非洲和亚洲。”

## 改造爱美耳球虫的基因

弄清了艾美耳球虫的基因序列，研究者就可以清楚地了解它们是如何感染鸡并让鸡生病的，然后他们可以改造艾美耳球虫的基因组，比如破坏这些让鸡生病的基因或用友好的基因代替，没有了这些讨厌的基因，艾美耳球虫就不能再感染鸡了。

## 口袋里的花生

你永远都不可能在一头大象面前藏起一颗花生。不管你把这颗花生放在哪儿，大象都能凭嗅觉把它找到。

为了解开这个疑团，遗传学家研究了 13 种动物，并对比它们的嗅觉基因，试图寻找动物嗅觉进化的线索。

如果我们的嗅觉基因再多一些，我们的鼻子岂不是更灵敏？

## 动物的嗅觉基因

在辨别细微的气味方面，非洲丛林象具有明显的优势。研究发现，丛林象有约 2000 个嗅觉基因，大鼠大约有 1200 个嗅觉基因，狗有 800 个，而包括人类在内的灵长类动物仅有 40 个嗅觉基因。

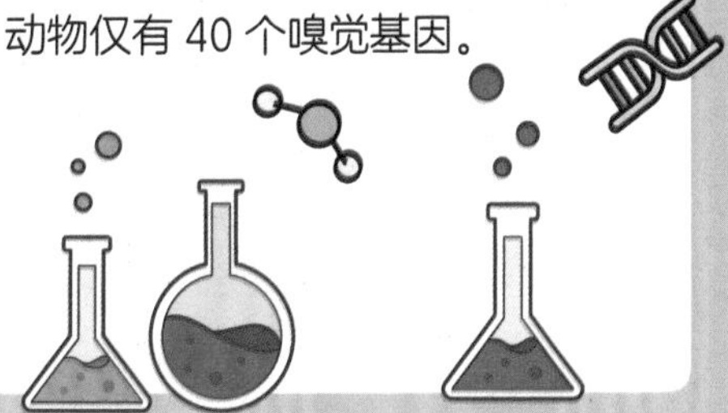

## 编辑策划成员

**祝伟中（美）**，小多总策划，跨学科学者，国际资深媒体人
**阮健**，小多执行主编，英国教育学硕士，科技媒体人，资深童书策划编辑
**吕亚洲**，“少年时”专题编辑，高分子材料科学学士
**周帅**，“少年时”专题编辑，生物医学工程博士，瑞士苏黎世大学空间生物技术研究室学者
**张卉**，“少年时”专题编辑，德国经济工程硕士，清华大学工、文双学士
**秦捷（比）**，小多全球组稿编辑，比利时鲁汶天主教大学 MBA，跨文化学者
**李萌**，“少年时”美术编辑，绘画专业学士
**方玉（德）**，德国不伦瑞克市“小老虎中文学校”创始人，获奖小说作者

## 主要创作团队成员

**拜伦 · 巴顿**，美国生物学博士，大学教授，科普作者
**凯西安 · 科娃斯基**，资深作者和记者，哈佛大学法学博士
**陈喆**，清华大学生物学硕士
**克里斯 · 福雷斯特**，美国中学教师，资深科普作者
**丹 · 里施**，美国知名童书和儿童杂志作者，资深科普作家
**段煦**，博物学者和科普作家，南极和北极综合科学考察探险家
**让－皮埃尔 · 佩蒂特**，物理学博士，法国国家科学研究中心高级研究员
**基尔 · 达高斯迪尼**，物理学博士，欧洲核子研究组织粒子物理和高能物理前研究员
**谷之**，医学博士，美国知名基因实验室领头人
**韩晶晶**，北京大学天体物理学硕士
**哈里 · 莱文**，美国肯塔基大学教授，分子及细胞研究专家，知名少儿科普杂志撰稿人
**海上云**，工学博士，计算机网络研究者，美国 10 多项专利发明家，资深科普作者
**杰奎琳 · 希瓦尔德**，美国获奖童书作者，教育传媒专家
**季思聪**，美国教育学硕士和图书馆学硕士，著名翻译家
**贾晶**，曾任花旗银行金融计量分析师，“少年时”经济专栏作者
**凯特 · 弗格森**，美国健康杂志主编，知名儿童科学杂志撰稿人
**肯 · 福特 · 鲍威尔**，孟加拉国国际学校老师，英国童书及杂志作者
**奥克塔维雅 · 凯德**，新西兰知名科普作者
**彭发蒙**，美国无线电专业博士
**雷切尔 · 莎瓦雅**，新西兰获奖童书作者、诗人
**徐宁**，旅美经济学硕士，科普读物作者